中1数学を
ひとつひとつわかりやすく。

［改訂版］

Gakken

😊 みなさんへ

　世界中の誰もがわかる，万国共通のことばを知っていますか？

　それは，英語や日本語ではなく，数式です。数学とは，人がなにかを論理的に考えて，それを伝えるために生み出された，素晴らしい発明品です。

　中学1年生では，小学校算数の学習内容を引き継ぎつつ，負の数や文字を使った式，方程式など，「数学」の基本となる表現や考え方を学んでいきます。

　学年が上がるごとに難しくなる数学を，苦手に思う人も多いかもしれません。

　この本では，学校で習う内容の中でも特に大切なところを，図解を使いながらやさしいことばで説明し，簡単な穴うめをすることで，概念や解き方をしっかり理解することができます。

　みなさんがこの本で数学の知識や考え方を身につけ，「数学っておもしろいな」「問題が解けるって楽しいな」と思ってもらえれば，とてもうれしいです。

😐 この本の使い方

1回15分、読む→解く→わかる！

　1回分の学習は2ページです。毎日少しずつ学習を進めましょう。

左ページが書き込み式の解説です。

書き込み式の練習問題です。

解答・解説

ポイント **ミス注意**
まちがえやすい部分や学習のコツがのっています。

もっとくわしく **よくあるまちがい**
さらにくわしい内容がのっています。

答え合わせも簡単・わかりやすい！

　解答は本体に軽くのりづけしてあるので，引っぱって取り外してください。

　問題とセットで答えが印刷してあるので，簡単に答え合わせできます。

復習テストで、テストの点数アップ！

　各分野のあとに，これまで学習した内容を確認するための「復習テスト」があります。

😀 学習のスケジュールも，ひとつひとつチャレンジ！

まずは次回の学習予定日を決めて記入しよう！

最初から計画を細かく立てようとしすぎると，計画を立てることがつらくなってしまいます。まずは，次回の学習予定日を決めて記入してみましょう。

1日の学習が終わったら，もくじページにシールを貼りましょう。

どこまで進んだかがわかりやすくなるだけでなく，「ここまでやった」という頑張りが見えることで自信がつきます。

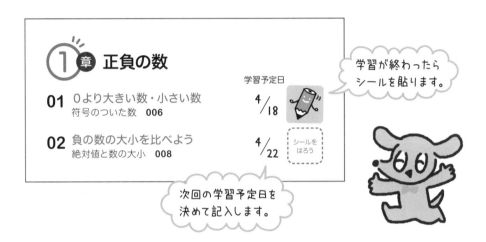

カレンダーや手帳で，さらに先の学習計画を立ててみよう！

スケジュールシールは多めに入っています。カレンダーや自分の手帳にシールを貼りながら，まずは1週間ずつ学習計画を立ててみましょう。

あらかじめ定期テストの日程を確認しておくと，直前に慌てることなく学習でき，苦手分野の対策に集中できますよ。

計画通りにいかないときは……？

計画通りにいかないことがあるのは当たり前。

学習計画を立てるときに，細かすぎず「大まかに立てる」のと「予定の無い予備日をつくっておく」のがおすすめです。

できるところからひとつひとつ，頑張りましょう。

もくじ 中1数学

次回の学習日を決めて，書き込もう。
1回の学習が終わったら，巻頭のシールを貼ろう。

わかる君を探してみよう！

この本にはちょっと変わったわかる君が全部で
5つかくれています。学習を進めながら探して
みてくださいね。

色や大きさは，上の絵とちがうことがあるよ！

01

0より大きい数・小さい数

→ 答えは 別冊2ページ

中学校では，0より小さい数が登場します。マイナスいくつという数のことです。

> 0より大きい数を正の数といい，
> 正の符号「＋」をつけて表す。
> 0より小さい数を負の数といい，
> 負の符号「－」をつけて表す。
> 0は正の数でも負の数でもない。

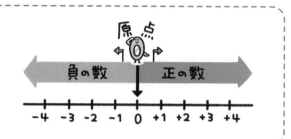

問題① 次の数を，正の符号，負の符号をつけて表しましょう。

    (1) 0より4大きい数　　　　(2) 0より7小さい数

(1) 0より4大きい数は，正の符号 ❶[　] をつけて，❷[　] と表します。

└ プラスと読む。

> 正の整数の
> ことを自然数
> というよ。

(2) 0より7小さい数は，負の符号 ❸[　] をつけて，❹[　] と表します。

└ マイナスと読む。

反対の性質をもつ量を，正の数，負の数で表してみましょう。

問題② 地点Aから東へ6kmの地点を＋6kmと表すと，地点Aから西へ8kmの地点はどのように表せますか。

西は東と反対の方角です。
右の図のように，地点Aを
0と考えます。問題文より，

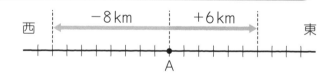

Aから東の方向を＋で表すと，Aから西の方向は ❺[　] で表せます。

よって，地点Aから西へ8kmの地点は，❻[　] kmと表せます。

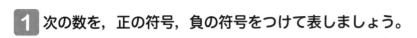

1 次の数を，正の符号，負の符号をつけて表しましょう。

(1)　0より25大きい数

(2)　0より16小さい数

(3)　0より3.5小さい数

(4)　0より $\dfrac{5}{8}$ 大きい数

2 次の問いに答えましょう。

(1)　地点Aから北へ4kmの地点を＋4kmと表すと，地点Aから南へ7kmの地点はどのように表せますか。

(2)　2000円の利益を＋2000円と表すと，9000円の損失はどのように表せますか。

(3)　「30kg重い」を「軽い」ということばを使って表しましょう。

(4)　「9℃低い」を「高い」ということばを使って表しましょう。

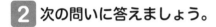 **2** (4)9℃低いは＋9℃低いということ。9℃低いを－9℃とまちがえないようにしよう。

02 絶対値と数の大小
負の数の大小を比べよう

→ 答えは
別冊2ページ

数直線で，ある数に対応する点と原点との距離を，その数の**絶対値**といいます。

> **問題 1** 次の数の絶対値を答えましょう。
> (1) ＋4   (2) －6

下の数直線上に，＋4と－6を表す点を，●で示してみましょう。

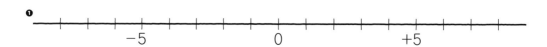

(1) ＋4に対応する点は，原点0からの距離が [ ] なので，＋4の絶対値は [ ] です。

(2) －6に対応する点は，原点0からの距離が [ ] なので，－6の絶対値は [ ] です。

絶対値は，正の数，負の数から，
符号をとったものだよ。

負の数の大小の比べ方を考えてみましょう。

数直線上では，
右にある数ほど大きく，
左にある数ほど小さく
なる。

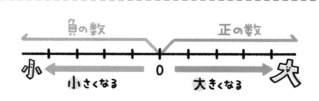

> **問題 2** －3と－7の大小を不等号を使って表しましょう。

右の数直線上に，
－3と－7を表す点を，
●で示してみましょう。

数直線上では，右にある数ほど [ ] ，[ ] にある数ほど小さくなります。

よって，－3 [ ] －7

基本練習

1 次の問いに答えましょう。

(1) 絶対値が8になる数を求めましょう。

(2) 絶対値が3より小さい整数をすべて求めましょう。

2 次の各組の数の大小を，不等号を使って表しましょう。

(1) 5，−8

(2) −9，−6

(3) −0.9，−0.2，−1.3

 **2** (2)(3)負の数は，絶対値が大きくなるほど小さくなる。

よくある✕まちがい 3つ以上の数の大小

3つ以上の数の大小は，不等号の向きをそろえて表しましょう。

不等号の向きが
そろっていないと…

$$-2<+3>-5$$

−2と−5の大小が表せない！

不等号の向きが
そろっていれば…

$$-5<-2<+3$$

3つの数の大小が表せる！

03 負の数をふくむたし算

正負の数の加法

→ 答えは 別冊2ページ

たし算のことを**加法**（かほう）といい，その計算の結果を**和**（わ）といいます。

（負の数）＋（負の数）のような，同符号の2つの数の和の計算のしかたを考えてみましょう。

問題❶ (1) $(-3)+(-4)$　　　(2) $(-7)+(-9)$

(1) 同符号の2つの数の和は，絶対値の和に，共通の符号をつけて，

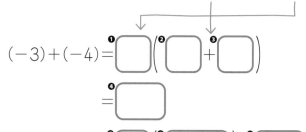

$(-3)+(-4)=$ ❶□ ❷(□ ＋ ❸□)

= ❹□

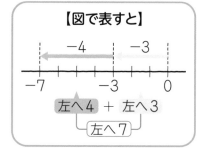

【図で表すと】

左へ4 ＋ 左へ3
左へ7

(2) $(-7)+(-9)=$ ❺□(❻□)＝❼□

共通の符号　　　　絶対値の和

（正の数）＋（負の数），（負の数）＋（正の数）のような，異符号の2数の和の計算のしかたを考えてみましょう。

問題❷ (1) $(+2)+(-5)$　　　(2) $(-3)+(+8)$

(1) 異符号の2つの数の和は，絶対値の差に，絶対値の大きいほうの符号をつけて，

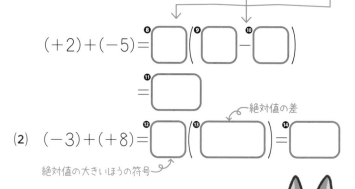

$(+2)+(-5)=$ ❽□(❾□ ❿－□)

= ⓫□

絶対値の差

(2) $(-3)+(+8)=$ ⓬□(⓭□)＝⓮□

絶対値の大きいほうの符号

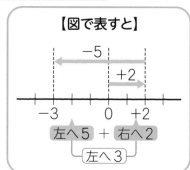

【図で表すと】

左へ5 ＋ 右へ2
左へ3

答えの＋の符号は，はぶけるよ。

基本練習

1 次の計算をしましょう。

(1) $(-4)+(-5)$

(2) $(+9)+(-6)$

(3) $(-7)+(+4)$

(4) $(-8)+(-12)$

(5) $(-15)+(-17)$

(6) $(-27)+(+19)$

(7) $0+(-6)$

(8) $(-13)+(+13)$

(9) $(-0.7)+(-1.6)$

(10) $(-2.8)+(+3.5)$

(11) $\left(+\dfrac{2}{3}\right)+\left(-\dfrac{5}{6}\right)$

(12) $\left(-\dfrac{1}{2}\right)+\left(-\dfrac{4}{5}\right)$

😊 ポイ ント (11)(12)分母が異なる分数どうしのたし算では，まず通分しよう。

04 正負の数の減法 負の数をふくむひき算

→ 答えは 別冊2ページ

ひき算のことを減法といい，その計算の結果を差といいます。

> 正の数，負の数をひくことは，
> ひく数の符号を変えてたすことと同じである。
> $-(+■)=+(-■)$
> $-(-●)=+(+●)$

（正の数）−（正の数）の計算のしかたを考えてみましょう。

問題 ① $(+2)-(+6)$

正の数をひくことは，ひく正の数を負の数に変えてたすことと同じです。

たし算に直す。
$(+2)\underset{正の数を負の数に変える。}{－}(+6)=(+2)\boxed{}^{①}(\boxed{}^{②})=\boxed{}^{③}$

【図で表すと】
負の方向へ6進む
$+2$
$-4\qquad 0\quad +2$

　このように，ひき算をたし算に直して，10ページの計算のしかたと同じように計算します。

（負の数）−（負の数）の計算のしかたを考えてみましょう。

問題 ② $(-8)-(-3)$

　負の数をひくことは，正の数をひくときと同じように考えて，ひく負の数を正の数に変えてたします。

たし算に直す。
$(-8)\underset{負の数を正の数に変える。}{－}(-3)=(-8)\boxed{}^{④}(\boxed{}^{⑤})=\boxed{}^{⑥}$

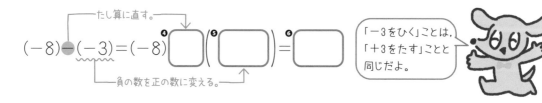

「−3をひく」ことは，「＋3をたす」ことと同じだよ。

基本練習

1 次の計算をしましょう。

(1) $(+5)-(+8)$

(2) $(+3)-(-4)$

(3) $(-6)-(+9)$

(4) $(-7)-(-2)$

(5) $(-12)-0$

(6) $0-(-1)$

(7) $(-1.4)-(-0.8)$

(8) $\left(-\dfrac{1}{3}\right)-\left(+\dfrac{3}{4}\right)$

ひき算は，ひく数の符号が＋ならば－に，－ならば＋に変えてたし算に直そう。

もっとくわしく ０との減法

ある数から０をひくと，差はある数になります。

$(+■)-0=+■$　そのまま！

$(-■)-0=-■$　そのまま！

０からある数をひくと，差はある数の符号を変えた数になります。

$0-(+●)=-●$　変わった！

$0-(-●)=+●$　変わった！

05 たし算とひき算の混じった計算

→ 答えは 別冊3ページ

式の中の正の項，負の項の見つけ方を考えましょう。

問題 ① $(+3)+(-7)-(+2)-(-8)$ の正の項，負の項を答えましょう。

上の式を見て，正の項は $+3$ と $+2$，負の項は -7 と -8 と答えてはいけません。
まず，この式を加法だけの式に直します。

加法に直す。

$$(+3)+(-7)-(+2)-(-8)=(+3)+(-7)+\left(^{①}\boxed{}\right)+\left(^{②}\boxed{}\right)$$

これより，正の項は $^{③}\boxed{}$，$^{④}\boxed{}$，負の項は $^{⑤}\boxed{}$，$^{⑥}\boxed{}$ です。

たし算とひき算の混じった計算をしてみましょう。

問題 ② (1) $(-4)-(-6)-(+5)$ (2) $(+3)+(-7)-(+2)-(-8)$

加法だけの式に直して，正の項，負の項の和をそれぞれ求めます。

(1) $(-4)-(-6)-(+5)$

$= (-4)+\left(^{⑦}\boxed{}\right)+\left(^{⑧}\boxed{}\right)$ ← 加法だけの式に直す。

$= (+6)+(-4)+(-5)$ ← 正の項，負の項を集める。

$= (+6)+\left(^{⑨}\boxed{}\right)=^{⑩}\boxed{}$ ← 正の項の和，負の項の和をそれぞれ求める。

(2) $(+3)+(-7)-(+2)-(-8)$

$= (+3)+(-7)+(-2)+(+8)$

$= (+3)+\left(^{⑪}\boxed{}\right)+(-7)+\left(^{⑫}\boxed{}\right)$

　　　‾‾‾‾‾‾正の項の和‾‾‾‾‾　〜〜〜負の項の和〜〜〜

$= \left(^{⑬}\boxed{}\right)+\left(^{⑭}\boxed{}\right)$

$= ^{⑮}\boxed{}$

加法だけの式に直せば，
どの2数の和から求めても
いいんだよ。

基本練習

1 次の計算をしましょう。

(1) $(+2)+(-5)-(-7)$

(2) $(+1)-(+3)+(-6)$

(3) $(+9)+(-8)-(+4)$

(4) $(-10)-(-17)-(+13)$

(5) $(+3)+(-7)-(+9)-(-6)$

(6) $(-5)-(+8)-(-12)-(+7)$

正の項，負の項を正しく見分けて計算しよう。

もっとくわしく たし算のきまり

次の計算のきまりを使うと，かんたんに計算できることがあるので便利です。

【加法の交換法則】　■＋●＝●＋■

例　$(+4)+(-7)=(-7)+(+4)$

【加法の結合法則】　$(■＋●)＋▲＝■＋(●＋▲)$

例　$\{(+6)+(-2)\}+(-5)=(+6)+\{(-2)+(-5)\}$

06 かっこのない式の計算

かっこをはぶいた式の計算

→ 答えは
別冊3ページ

次のように，かっこと加法の記号＋をはぶいた式の計算をしてみましょう。

問題❶　$6-4+5-9$

　左から順に計算することもできますが，この計算も正の項，負の項を集めてから計算すると，かんたんにできます。

$$6-4+5-9=6\,\boxed{}^{❶}-4\,\boxed{}^{❷}$$

正の項　　　　負の項

$$=\boxed{}^{❸}-\boxed{}^{❹}$$

正の項の和　　　　負の項の和

$$=\boxed{}^{❺}$$

（　）や＋の記号をはぶかずに
表すと，
$(+6)+(-4)+(+5)+(-9)$

　かっこのある項とかっこのない項の混じった式の計算のしかたを考えてみましょう。

問題❷　$13-(+19)-16-(-17)$

　かっこがついた数とかっこがない数の混じった計算は，かっこと加法の記号＋をはぶいた式に直して計算しましょう。

$$13-(+19)-16-(-17)=13\,\boxed{}^{❻}$$

かっこと加法の
記号＋をはぶいた
式で表す。

$$=13+\boxed{}^{❼}-19-\boxed{}^{❽}$$

正の項　　　　負の項

$$=\boxed{}^{❾}-\boxed{}^{❿}$$

正の項の和　　　　負の項の和

$$=\boxed{}^{⓫}$$

基本練習

1 次の計算をしましょう。

(1) $8-2-3$

(2) $-4+7-9$

(3) $5-6-8+7$

(4) $-11+29-24+14$

(5) $-7-(-6)-4$

(6) $-15-(-19)+11-(+18)$

😊 **ミス注意** $-(+■)$ や $-(-■)$ のかっこをはずすときは，符号の変化に注意しよう。

もっとくわしく　式の形をシンプルに！

加減の混じった計算は，かっこや加減の記号がたくさんある
と難しく感じます。そこで，式の中のかっこと加法の記号＋
をはぶいて，シンプルな形に直してみましょう。

$$(+8)+(-7)-(-5)-(+9)=8-7+5-9$$

式のはじめの＋の符号もはぶける。

【かっこのはずし方】

$+(+■)=+■$

$+(-■)=-■$

$-(+■)=-■$

$-(-■)=+■$

復習テスト①

1章 正負の数

1 次の数を，正の符号，負の符号をつけて表してみましょう。 【各3点 計6点】

(1) 0より13大きい数

〔　　　　　　　〕

(2) 0より27小さい数

〔　　　　　　　〕

2 次の問いに答えましょう。 【各5点 計10点】

(1) 現在から5分後を＋5分と表すと，現在から20分前はどのように表せますか。

〔　　　　　　　〕

(2) 「10kgの減少」を「増加」ということばを使って表しましょう。

〔　　　　　　　〕

3 次の数に対応する点を，下の数直線にかきましょう。 【各3点 計12点】

(1) ＋7　　　　　(2) −4　　　　　(3) ＋2.5　　　　　(4) $-\dfrac{13}{2}$

```
　　　　　　　　−5　　　　　　　0　　　　　　　5
```

4 次の数をすべて答えましょう。 【各5点 計10点】

(1) 絶対値が9になる数

〔　　　　　　　〕

(2) 絶対値が4より小さい整数

〔　　　　　　　〕

5

次の各組の数の大小を，不等号を使って表しましょう。 【各4点 計8点】

(1) -12, -15

(2) $+7$, -8, -7.5

〔 　　　　　 〕　　　　　　　〔 　　　　　 〕

6

次の数を小さい順に左から並べて書きましょう。 【6点】

0, -1, -0.7, $-\dfrac{2}{3}$, $-\dfrac{4}{5}$

〔 　　　　　 〕

7

次の計算をしましょう。 【各4点 計32点】

(1) $(-3)+(-5)$

(2) $(+9)+(-4)$

(3) $(-6)+(+2)$

(4) $(-1.5)+(-3.8)$

(5) $(-1)-(+7)$

(6) $(-10)-(-5)$

(7) $0-(-10)$

(8) $\left(-\dfrac{3}{4}\right)-\left(-\dfrac{1}{6}\right)$

8

次の計算をしましょう。 【各4点 計16点】

(1) $(-9)+(+2)-(-5)$

(2) $(-3)-(-8)-(+6)$

(3) $11-17+14-13$

(4) $-7-(-6)+9+(-8)$

負の数をふくむかけ算

→ 答えは
別冊3ページ

かけ算のことを**乗法**といい，その計算の結果を**積**といいます。

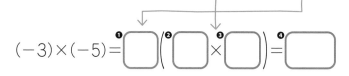

同符号の2つの数の積の計算のしかたを考えてみましょう。

問題① (1) $(-3)×(-5)$　　　　(2) $(-8)×(-6)$

(1) 同符号の2つの数の積は，絶対値の積に，正の符号をつけて，

$(-3)×(-5)=$ ⬛❶ $($ ⬛❷ $×$ ⬛❸ $)=$ ⬛❹

(2) $(-8)×(-6)=$ ⬛❺ $($ ⬛❻ $)=$ ⬛❼ 　絶対値の積

積の＋の符号も，
はぶくことが
できるよ。

次は，異符号の2つの数の積の計算のしかたを考えてみましょう。

問題② (1) $(+2)×(-9)$　　　　(2) $(-4)×(+7)$

(1) 異符号の2つの数の積は，絶対値の積に，負の符号をつけて，

$(+2)×(-9)=$ ⬛❽ $($ ⬛❾ $×$ ⬛❿ $)=$ ⬛⓫

(2) $(-4)×(+7)=$ ⬛⓬ $($ ⬛⓭ $)=$ ⬛⓮ 　絶対値の積

（正の数）×（負の数）
（負の数）×（正の数）
どちらの積も負の数だよ。

基本練習

1 次の計算をしましょう。

(1) $(+2)\times(+6)$

(2) $(-9)\times(+4)$

(3) $(+8)\times(-3)$

(4) $(-7)\times(-5)$

(5) $6\times(-3)$

(6) -8×7

(7) $-2.5\times(-0.8)$

(8) $\left(+\dfrac{3}{4}\right)\times\left(-\dfrac{2}{5}\right)$

😊 まず積の符号を決めて，次に2つの数の絶対値の積を計算しよう。

もっとくわしく　0 や 1，−1 との積

● どんな数に 0 をかけても，また，0 にどんな数をかけても積は 0 になります。

$$■×0=0 \qquad 0×■=0$$

● どんな数に 1 をかけても，また，1 にどんな数をかけても積はもとの数になります。

$$●×1=● \qquad 1×●=●$$

● ある数と −1 との積，または，−1 とある数との積はある数の符号を変えた数になります。

$$■×(−1)=−■ \qquad (−1)×■=−■$$

08 ３つの数のかけ算

3つの数の乗法

→ 答えは
別冊3ページ

負の数をふくむ３つの数のかけ算のしかたを考えてみましょう。

いくつかの数の積を求めるかけ算では、
積の符号は、負の数の個数が

偶数個 → ＋   奇数個 → －

2, 4, 6, …   1, 3, 5, …

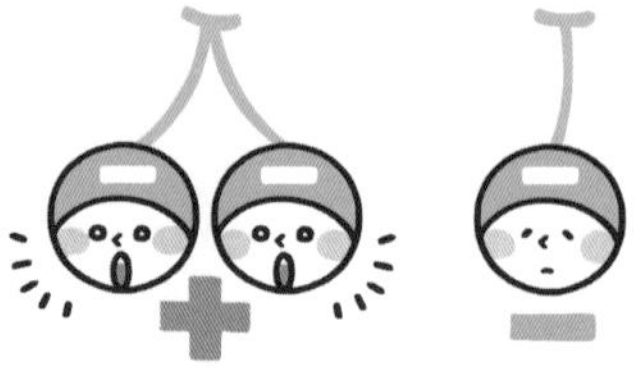

まず、式の中の負の数の個数に着目して、積の符号を決めます。
積の符号が決まったら、３つの数の絶対値の積を計算します。

問題 1　(1) $(-4) \times (+5) \times (-6)$　　(2) $3 \times (-2) \times 7$

(1)　負の数は ❶◻ 個だから、積の符号は ❷◻ になります。

$$(-4) \times (+5) \times (-6) = ❸\boxed{}\left(❹\boxed{}\right) = ❺\boxed{}$$

(2)　負の数は ❻◻ 個だから、積の符号は ❼◻ になります。

$$3 \times (-2) \times 7 = ❽\boxed{}\left(❾\boxed{}\right) = ❿\boxed{}$$

> 答えが負の数のとき、
> ーを忘れずに！

問題 2　$\left(-\dfrac{1}{4}\right) \times (-9) \times \left(-\dfrac{2}{3}\right)$

負の数は �⓫◻ 個だから、積の符号は ⓬◻ になります。

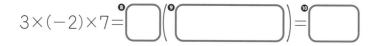

$$\left(-\frac{1}{4}\right) \times (-9) \times \left(-\frac{2}{3}\right) = ⓭\boxed{}\left(\frac{1 \times \overset{⓮\boxed{}}{9} \times \overset{⓯\boxed{}}{2}}{\underset{⓰\boxed{}}{4} \times 1 \times \underset{⓱\boxed{}}{3}}\right) = ⓲\boxed{}$$

ここで約分する。

基本練習

1 次の計算をしましょう。

(1) $(-2) \times (-4) \times (+9)$

(2) $(+5) \times (+6) \times (-3)$

(3) $(-3) \times (-7) \times (-4)$

(4) $8 \times (-2) \times (-6)$

(5) $5 \times (-0.4) \times 7$

(6) $1.5 \times (-10) \times (-0.8)$

(7) $(-4) \times \left(+\dfrac{5}{8}\right) \times (-6)$

(8) $\left(-\dfrac{1}{6}\right) \times (-18) \times \left(-\dfrac{5}{3}\right)$

(7)(8) 分数が混じった計算では，絶対値の積を計算するときに約分しよう。

もっとくわしく　かけ算のきまり

次の計算のきまりを使うと，かんたんに計算できることがあります。

【乗法の交換法則】

■×●＝●×■

【乗法の結合法則】

(■×●)×▲＝■×(●×▲)

例　$(-4) \times (-17) \times (+25)$ ── 交換法則で入れかえる。

$= (-4) \times (+25) \times (-17)$

$= (-100) \times (-17)$

$= 1700$

09 （累乗） 累乗の計算

→ 答えは 別冊4ページ

同じ数をいくつかかけたものを，その数の **累乗**（るいじょう）といい，かけ合わせる個数を示す右かたの小さな数を **指数**（しすう）といいます。

$2×2×2=2^3$ ← 指数
読み方は2の3乗

問題 ① 次の式を累乗の指数を使って表しましょう。

 (1) 5×5   (2) （−2）×（−2）×（−2）×（−2）

(1) $5×5=$ ❶ ☐ と表し，5の ❷ ☐ と読みます。

(2) $（−2）×（−2）×（−2）×（−2）=$ ❸ ☐ と表し， ❹ ☐ と読みます。

次は累乗の計算をしてみましょう。

問題 ② (1) 6^3 (2) $（−2）^5$ (3) $−3^4$

(1) 6^3 は，6を ❺ ☐ 個かけ合わせたものだから，

 $6^3=6×6×6=$ ❻ ☐

2乗を平方，3乗を立方ともいうよ。

(2) $（−2）^5$ は，−2を ❼ ☐ 個かけ合わせたものだから，

 $（−2）^5=（−2）×$ ❽ ☐ $=$ ❾ ☐

負の数の個数で積の符号を決める。

(3) $−3^4$ は，3を ❿ ☐ 個かけ合わせた数に負の符号−をつけた数だから，

 $−3^4=$ ⓫ ☐ ⓬（ ☐ ）

 $=$ ⓭ ☐

【2つの計算のちがいに注意】
$（−■）^2=（−■）×（−■）$
$−■^2=−（■×■）$

基本練習

1 次の計算をしましょう。

(1) 7^2

(2) 3^4

(3) $(-3)^2$

(4) $(-5)^3$

(5) -2^4

(6) -4^3

(7) $\left(\dfrac{1}{6}\right)^2$

(8) $\left(-\dfrac{2}{3}\right)^3$

😊 ミス注意 (5)(6) $-\blacksquare^{\bullet}$は，$\blacksquare$を$\bullet$個かけた数に－をつけるから，負の数になる。

もっとくわしく　累乗は先に計算！

累乗とかけ算の混じった計算では，はじめに累乗の部分を計算し，次にかけ算の計算をします。

累乗の部分を先に計算！

例 $(-3)^2 \times 5 = 9 \times 5 = 45$
かけ算

累乗の部分を先に計算！

例 $2^2 \times (-2)^3 = 4 \times (-8) = -32$
累乗の部分を先に計算！

10 負の数をふくむわり算

正負の数の除法

→ 答えは
別冊4ページ

わり算のことを**除法**（じょほう）といい，その計算の結果を**商**（しょう）といいます。

2つの数の商の符号についても，2つの数の積の符号と同じことがいえます。

下の□に＋または－を入れて，2つの数の商の符号についてまとめましょう。

$(+) \div (+)$ ➊□ $(+) \div (-)$ ➋□ $(-) \div (+)$ ➌□ $(-) \div (-)$ ➍□

問題 ❶ (1) $(-18) \div (-3)$ (2) $(-20) \div (+4)$

---

(1) 同符号の2つの数の商は，絶対値の商に，➎□ の符号をつけて，

同符号の2つの数の積と同じ。

$(-18) \div (-3) = $➏□$\left(\right.$➐□$\div$➑□$\left.\right) = $➒□

(2) 異符号の2つの数の商は，絶対値の商に，➓□ の符号をつけて，

異符号の2つの数の積と同じ。

$(-20) \div (+4) = $⓫□$\left(\right.$⓬□$\left.\right) = $⓭□

わり算の商は，必ずしも整数や小数になるとは限りません。正確に表せない場合は，答えを分数で表しましょう。

問題 ❷ $15 \div (-27)$

$\bullet \div \blacksquare = \dfrac{\bullet}{\blacksquare}$ より，商を分数で表し，約分できるときは約分します。

$$15 \div (-27) = \frac{15}{-27} = -\frac{\overset{⓮□}{15}}{\underset{⓯□}{27}} = ⓰□$$

ここで約分する。

答えを$-\dfrac{15}{27}$としちゃダメ！
必ず約分すること！

基本練習

1 次の計算をしましょう。

(1) $(+40) \div (+5)$

(2) $(+28) \div (-7)$

(3) $(-42) \div (-6)$

(4) $(-45) \div (+9)$

(5) $12 \div (-18)$

(6) $-20 \div (-35)$

(7) $(-1.8) \div (-0.2)$

(8) $7 \div (-0.5)$

 (7)(8)わられる数とわる数をそれぞれ10倍して，小数を整数に直して計算しよう。

もっとくわしく　0ではわれない？

0を正の数でわっても負の数でわっても商は0になります。

ところが，どんな数も0でわることはできません。

仮に，●÷0＝□（●は0でない数）とします。

この式をかけ算に変形すると，0×□＝●となります。

0×□＝0なので，●は0となってしまいますね。

これは，●は0でない数ということと矛盾してしまいます。

このことから，0でわることはできないといえます。

11 分数をふくむ正負の数のわり算 → 答えは 別冊4ページ

2つの数の積が1であるとき，一方の数を他方の数の逆数といいます。

問題① 次の数の逆数を求めましょう。

(1) $\dfrac{2}{3}$

(2) $-\dfrac{7}{4}$

(1) $\dfrac{2}{3} \times$ ^❶□ $=1$ だから，$\dfrac{2}{3}$ の逆数は ^❷□ になります。

(2) $\left(-\dfrac{7}{4}\right) \times \left(\begin{array}{c}❸\\□\end{array}\right) =1$ だから，$-\dfrac{7}{4}$ の逆数は ^❹□ になります。

このように，分数の逆数は，符号はそのままにして，もとの分数の分母と分子を入れかえた数になります。

それでは，(分数)÷(分数)，(分数)÷(整数)の計算のしかたを考えてみましょう。

問題② (1) $\dfrac{5}{8} \div \left(-\dfrac{3}{4}\right)$

(2) $\left(-\dfrac{4}{9}\right) \div (-6)$

(1) 分数でわる計算は，わる数を ^❺□ にして，わり算をかけ算に直します。

わり算→かけ算

$\dfrac{5}{8} \div \left(-\dfrac{3}{4}\right) = \dfrac{5}{8}$ ^❻□ $\left(\begin{array}{c}❼\\□\end{array}\right) = -\left(\begin{array}{c}❽\\□\end{array}\right) =$ ^❾□

逆数 ここで約分する。

(2) 整数でわる計算は，わる数を逆数にして，わり算をかけ算に直します。

わり算→かけ算

$\left(-\dfrac{4}{9}\right) \div (-6) = \left(-\dfrac{4}{9}\right)$ ^❿□ $\left(\begin{array}{c}⓫\\□\end{array}\right) = +\left(\begin{array}{c}⓬\\□\end{array}\right) =$ ^⓭□

逆数 ここで約分する。

基本練習

1 次の計算をしましょう。

(1) $\left(-\dfrac{2}{3}\right) \div \dfrac{1}{4}$

(2) $\left(-\dfrac{4}{9}\right) \div \left(-\dfrac{5}{6}\right)$

(3) $\dfrac{8}{15} \div \left(-\dfrac{4}{5}\right)$

(4) $-\dfrac{9}{20} \div \dfrac{3}{8}$

(5) $\dfrac{3}{5} \div (-9)$

(6) $-28 \div \left(-\dfrac{8}{7}\right)$

😊 ミス注意 正の数の逆数は正の数，負の数の逆数は負の数。符号まで逆にしないようにしよう。

もっとくわしく 整数や小数の逆数はどうなるの？

整数や小数の逆数を考えるときは，まず，その数を分数に直して考えます。

● −3の逆数は？

$-3 = -\dfrac{3}{1} \longrightarrow -\dfrac{1}{3}$

分数に　　　　　　　逆数

● 0.7の逆数は？

$0.7 = \dfrac{7}{10} \longrightarrow \dfrac{10}{7}$

分数に　　　　　　　逆数

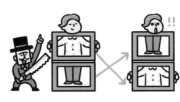

12 乗除の混じった計算
かけ算とわり算の混じった計算

→ 答えは別冊4ページ

かけ算とわり算の混じった計算は，次の手順で計算する。
1. **わる数を逆数にして**，かけ算だけの式に直す。
2. 式の中の負の数の個数に着目して，**積の符号を決める**。
3. **絶対値の積**を計算する。このとき，計算の途中で約分できるときは約分する。

問題❶ $(-20) \times 9 \div (-12)$

逆数を使って，わり算の部分をかけ算にして，かけ算だけの式に直します。

$$(-20) \times 9 \div (-12) = (-20) \times 9 \times \left(\boxed{}^{❶} \right) = \boxed{}^{❷} \left(\boxed{}^{❸} \right)$$

かけ算だけの式に直す。

負の数の個数が偶数だから，積の符号は＋

$$= \boxed{}^{❹}$$

問題❷
(1) $\dfrac{3}{4} \div \left(-\dfrac{7}{8} \right) \times \dfrac{5}{6}$

(2) $\dfrac{8}{7} \div (-9) \div \left(-\dfrac{4}{15} \right)$

(1) $\dfrac{3}{4} \div \left(-\dfrac{7}{8} \right) \times \dfrac{5}{6} = \dfrac{3}{4} \times \left(\boxed{}^{❺} \right) \times \dfrac{5}{6} = \boxed{}^{❻} \left(\boxed{}^{❼} \right) = \boxed{}^{❽}$

かけ算だけの式に直す。

負の数の個数が奇数だから，積の符号は－

(2) $\dfrac{8}{7} \div (-9) \div \left(-\dfrac{4}{15} \right) = \dfrac{8}{7} \times \left(\boxed{}^{❾} \right) \times \left(\boxed{}^{❿} \right)$

かけ算だけの式に直す。

$= \boxed{}^{⓫} \left(\boxed{}^{⓬} \right) = \boxed{}^{⓭}$

3つの数のかけ算では，どの分母とどの分子を約分してもいいんだね。

基本練習

1 次の計算をしましょう。

(1) $6 \div (-14) \times 7$

(2) $(-30) \div (-8) \div (-9)$

(3) $\left(-\dfrac{1}{6}\right) \times 4 \div \left(-\dfrac{8}{9}\right)$

(4) $15 \div \dfrac{4}{5} \times \left(-\dfrac{8}{3}\right)$

(5) $\dfrac{2}{5} \times \left(-\dfrac{1}{3}\right) \div \left(-\dfrac{4}{9}\right)$

(6) $\left(-\dfrac{9}{10}\right) \div \left(-\dfrac{3}{7}\right) \div \left(-\dfrac{7}{5}\right)$

☺ 絶対値の積を計算するとき，と中で約分できるときは約分しよう。

もっと くわしく 小数は分数に直して計算！

式の中に小数がある場合は，まず，小数を分数に直します。

例 $\dfrac{4}{5} \div (-0.3) \div \dfrac{2}{9} = \dfrac{4}{5} \div \left(-\dfrac{3}{10}\right) \div \dfrac{2}{9} = \dfrac{4}{5} \times \left(-\dfrac{10}{3}\right) \times \dfrac{9}{2}$

└ 小数を分数に直す。 ↑ かけ算だけの式に直す。

$= -\left(\dfrac{\overset{2}{\cancel{4}}}{5} \times \dfrac{\overset{2}{\cancel{10}}}{\cancel{3}} \times \dfrac{\overset{3}{\cancel{9}}}{\cancel{2}}\right) = -12$

13 いろいろな計算

→ 答えは
別冊5ページ

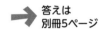

加法，減法，乗法，除法をまとめて四則（しそく）といいます。

四則の混じった式の計算のしかたを考えてみましょう。

四則の混じった計算は，次の順序で計算します。

かっこ・累乗 → 乗除 → 加減

問題 ❶ $9 \times (-2) + (-6) \div (-3)$

たし算とひき算，かけ算とわり算の混じった式では，かけ算とわり算を先に計算します。

$$9 \times (-2) + (-6) \div (-3)$$

$$= \left(\boxed{}^{\text{❶}} \right) + \left(\boxed{}^{\text{❷}} \right) = \boxed{}^{\text{❸}}$$

【左から計算してはダメ！】
$9 \times (-2) + (-6) \div (-3)$
$= (-18) + (-6) \div (-3)$
$= (-24) \div (-3) = 8$ ✗

問題 ❷ (1) $(-2)^3 \times (-3)^2$　　(2) $5 \times (8 - 36 \div 4)$

(1) 累乗のある式の計算では，累乗を先に計算します。

$$(-2)^3 \times (-3)^2 = \left(\boxed{}^{\text{❹}} \right) \times \left(\boxed{}^{\text{❺}} \right) = \boxed{}^{\text{❻}}$$

累乗の部分を計算する。

(2) かっこのある式の計算では，かっこの中を先に計算します。

かっこの中のわり算を先に計算する。

$$5 \times (8 - 36 \div 4) = 5 \times \left(8 - \boxed{}^{\text{❼}} \right) = 5 \times \left(\boxed{}^{\text{❽}} \right) = \boxed{}^{\text{❾}}$$

かっこの中のひき算を先に計算する。

基本練習

1 次の計算をしましょう。

(1) $7+8\times(-3)$

(2) $4-12\div2-3$

(3) $(-7)\times2-5\times(-4)$

(4) $30\div5+(-24)\div3$

(5) $4\times(-5)^2$

(6) $(-6)^2\div(-3^3)$

(7) $28\div(2-9)$

(8) $(-6)\times(9-5\times2)$

(9) $6-(-3)\times6-(-5)^2$

(10) $8-(5-3^2)\times(-2)$

 (8)(10)かっこの中に乗法や累乗があるときは，この部分を先に計算しよう。

14 素因数分解とは？

→ 答えは
別冊5ページ

2の約数は1と2，3の約数は1と3，5の約数は1と5ですね。

このように，1とその数自身のほかに約数をもたない自然数を**素数**といいます。

ただし，1は素数にふくめません。

問題❶ 20以下の自然数について，素数をすべて答えましょう。

20以下の素数は小さいほうから順に，

2，3，5，❶ [　]，❷ [　]，❸ [　]，❹ [　]，❺ [　]

の8個あります。

下のように，自然数を素数だけの積で
表すことを，**素因数分解**するといいます。

$$30 = 2 \times 3 \times 5$$

問題❷ 126を素因数分解しましょう。

素因数分解するときは，できるだけ小さい素数で順にわっていきましょう。

①わりきれる素数で
　順にわっていきます。

$2 \,)\, 126$

❼ [　] ❻ [　]

❾ [　] ❽ [　]

②商が素数になったら
　やめます。

❿ [　]

*同じ数が2つ以上
かけ合わされているときは，
累乗の指数を使って表す。*

③わった数と商を積の
　形で表します。

126 = ⓫[　] × ⓬[　]^2 × ⓭[　]

基本練習

1 □にあてはまる数を書いて，次の数を素因数分解しましょう。

(1)
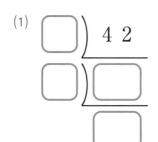

$$42 = \boxed{} \times \boxed{} \times \boxed{}$$

(2)

$$200 = \boxed{}^{\boxed{}} \times \boxed{}^{\boxed{}}$$

2 次の数を素因数分解しましょう。

(1) 36

(2) 875

😊 **ミス注意** 2つ以上の同じ数の積は，×の記号は使わずに累乗の指数を使って表そう。

もっとくわしく　数の集合

自然数全体の集まりを自然数の集合といいます。
自然数に，0と負の整数を合わせた数の集まりを整数の集合といいます。
整数に，正負の小数や分数を合わせた数の集まりを数全体の集合といいます。

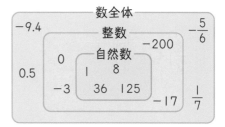

→ 答えは別冊17ページ

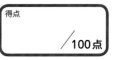

得点

／100点

1章 正負の数

1

次の計算をしましょう。 【各3点　計12点】

(1)　$(-5) \times (-4)$

(2)　$(+3) \times (-9)$

(3)　$(-6) \times 70$

(4)　$\left(-\dfrac{4}{7}\right) \times (-1)$

2

次の計算をしましょう。 【各4点　計16点】

(1)　$(-2) \times (-9) \times (-5)$

(2)　$(-8) \times \dfrac{7}{12} \times (-6)$

(3)　$(-4)^3$

(4)　$-3^2 \times (-2)$

3

次の計算をしましょう。 【各3点　計18点】

(1)　$(-32) \div (+4)$

(2)　$(-54) \div (-9)$

(3)　$(-12) \div 0.5$

(4)　$24 \div \left(-\dfrac{3}{4}\right)$

(5)　$\left(-\dfrac{8}{9}\right) \div \left(-\dfrac{2}{3}\right)$

(6)　$\left(-\dfrac{6}{35}\right) \div \dfrac{4}{7}$

4 次の計算をしましょう。

(1) $3 \times (-8) \div 6$

(2) $(-90) \div 5 \div (-3)$

(3) $20 \div \left(-\dfrac{4}{9}\right) \times \dfrac{1}{3}$

(4) $\left(-\dfrac{3}{2}\right) \div \left(-\dfrac{5}{8}\right) \div \left(-\dfrac{6}{5}\right)$

5 次の計算をしましょう。

(1) $3 \times (-4) - 8 \div (-2)$

(2) $(-2)^3 - (-3) \times 3$

(3) $-6 - (3-7) \times 5$

(4) $30 \div (2 \times 3 - 3^2)$

6 次の数を素因数分解しましょう。

(1) 80

(2) 108

[   ]   [   ]

7 90 にできるだけ小さい自然数をかけて，ある自然数の 2 乗になるようにします。
どんな数をかければよいですか。

[   ]

15 文字式とは？

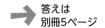

→ 答えは
別冊5ページ

a, b, x, yなどの文字を使った式を**文字式**といいます。

数量を文字式で表すときは，まず数量をことばの式で表し，表したことばの式に数と文字をあてはめます。

> **問題 ①** 次の数量を文字式で表しましょう。
> (1) 1冊150円のノートをx冊買ったときの代金
> (2) aLのジュースを6人で等分したときの1人分のジュースの量

(1) ノートの代金は，1冊の値段×冊数　です。

ことばの式から，ノートの代金は，❶ ☐ （円）

(2) 1人分のジュースの量は，全体のジュースの量÷人数　です。

ことばの式から，1人分のジュースの量は，❷ ☐ （L）

> **問題 ②** 次の数量を文字式で表しましょう。
> (1) 10gのおもりa個と25gのおもりb個の合計の重さ
> (2) $a$kmの道のりを，時速$x$kmの速さで3時間進んだときの残りの道のり

(1) 10gのおもりa個の重さは ❸ ☐ （g）　← 1個の重さ×個数

25gのおもりb個の重さは ❹ ☐ （g）

合計の重さは，あわせて ❺ ☐ （g）

(2) 進んだ道のりは，❻ ☐ （km）

残りの道のりは，❼ ☐ （km）

← 全体の道のり−進んだ道のり

道のり
速さ ✕ 時間

基本練習

1 次の数量を文字式で表しましょう。

(1) 1個 a g のボール12個を50gのかごに入れたときの全体の重さ

(2) 周の長さ b cm の正方形の1辺の長さ

(3) 1冊200円のノートを x 冊買って，1000円出したときのおつり

2 次の数量を文字式で表しましょう。

(1) 1個60円のみかんを x 個，1個180円のりんごを y 個買ったときの代金の合計

(2) 長さ200cmのリボンから，長さ a cm のリボンを b 本切り取ったときの残りの長さ

 (単価)×(個数)＝(代金)，(速さ)×(時間)＝(道のり)はよく使う式だから，覚えておこうね。

16 文字式で表してみよう①

→ 答えは 別冊5ページ

文字式は，きまりにしたがって，×や÷の記号をはぶいて表すことができます。
まずは，文字式のかけ算の式を，積の表し方にしたがって表してみましょう。

積の表し方
❶かけ算の記号×ははぶく。
❷文字と数の積では，数を文字の前に書く。
❸同じ文字の積は，累乗の指数を使って書く。

$$a \times b \times 3 \times a$$
$$\downarrow$$
$$3a^2b$$ ポーイッ

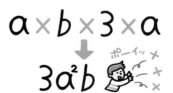

問題 1 次の式を，文字式の表し方にしたがって表しましょう。

(1) $b \times (-4) \times a$　　　　(2) $x \times y \times x \times y \times x$

(1) かけ算の記号×をはぶいて，数を文字の前に書き，

$$b \times (-4) \times a = \boxed{}^{❶} \quad \text{と表します。}$$

↖ 文字の積は，ふつう，アルファベット順に書く。

(2) 文字xの積，文字yの積をそれぞれ累乗の指数を使って，

$$x \times y \times x \times y \times x = \underset{x が 3 個}{\underline{x \times x \times x}} \times \underset{y が 2 個}{\underline{y \times y}} = \boxed{}^{❷} \quad \text{と表します。}$$

次は，1や−1と文字との積の表し方について考えてみましょう。

問題 2 次の式を，文字式の表し方にしたがって表しましょう。

(1) $m \times 1$　　　　(2) $(-1) \times y \times x$

(1) 1と文字との積では，1をはぶいて，$m \times 1 = \boxed{}^{❸}$ と表します。

(2) −1と文字との積では，1は，はぶきますが，−の符号は，はぶけません。

$$(-1) \times y \times x = \boxed{}^{❹} \quad \text{と表します。}$$

基本練習

1 次の式を，文字式の表し方にしたがって表しましょう。

(1) $x \times a$

(2) $y \times x \times 5$

(3) $x \times x \times (-7) \times x$

(4) $b \times a \times b \times b \times a$

(5) $n \times m \times n \times n \times (-5)$

(6) $y \times x \times 1 \times x$

(7) $b \times (-1) \times a$

(8) $y \times 0.1 \times z$

(9) $a \times 4 - 9$

(10) $m \times (-6) + 2 \times n$

😊 **ミス注意** (8) 1や−1の1ははぶいて表すが，0.1の1ははぶけない。

よくある ✕ まちがい 式にかっこがついたら？

かっこのついた式の計算では，かっこをひとまとまりのものと考えます。

例 $(a+b) \times (-5)$
$= a - 5b$ ✕
$= -5(a+b)$ ◯

↳ ひとまとまりとみて，
1つの文字と考える。

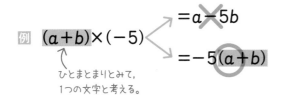

ひとまとまり！

17 商の表し方 文字式で表してみよう②

→ 答えは 別冊6ページ

文字式のわり算は，記号÷をはぶいて分数の形で表すことができます。
文字式のわり算を，商の表し方にしたがって表してみましょう。

商の表し方
文字の混じった除法では，
わり算の記号÷は使わないで，
分数の形で表す。

分子に → 　　　　　 ← −の符号は分数の前に

$$a \div (-3) = \frac{a}{-3} = -\frac{a}{3}$$

↓ 分母に ↑

問題 ❶ 次の式を，文字式の表し方にしたがって表しましょう。

(1) $a \div 7$ 　　　　　　　　 (2) $(-9) \div m$

(1) わり算の記号÷は使わないで，分数の形にして，

$a \div 7 =$ ❶☐ と表します。

÷7は×$\frac{1}{7}$だから，
$\frac{a}{7}$は，$\frac{1}{7}a$
とも書けるよ。

(2) わり算を分数の形にしたときは，−の符号は分数の前に書き，

$(-9) \div m =$ ❷☐ と表します。

次は，かけ算とわり算の混じった文字式の表し方を考えてみましょう。

問題 ❷ $x \div 3 \times y$ を，文字式の表し方にしたがって表しましょう。

左から順に，×や÷の記号をはぶいていきます。

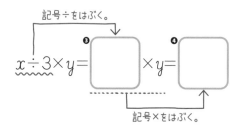

記号÷をはぶく。

$x \div 3 \times y =$ ❸☐ $\times y =$ ❹☐

記号×をはぶく。

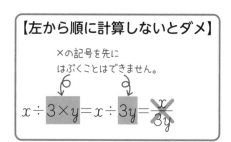

【左から順に計算しないとダメ】

×の記号を先に
はぶくことはできません。

$x \div 3 \times y = x \div 3y = \frac{x}{3y}$

1 次の式を，文字式の表し方にしたがって表しましょう。

(1) $y \div 4$

(2) $(-6) \div a$

(3) $2x \div 5$

(4) $8m \div (-3)$

(5) $(a+1) \div 2$

(6) $(x-y) \div (-7)$

(7) $a \times b \div 3$

(8) $x \div y \div (-5)$

😊 ミス注意 (7)(8)左から順に，×や÷の記号をはぶいていこう。

もっとくわしく　かくれている ×, ÷ をさがせ！

次のような記号×，÷がはぶかれている式を，×や÷を使って表してみましょう。

例
×がはぶかれている。
$$\frac{ab}{6} = a \times b \div 6$$
÷がはぶかれている。

例
$$\frac{x}{2y} = x \times \frac{1}{2} \times \frac{1}{y}$$ 逆数をかける形で表すとわかりやすい。
$$= x \div 2 \div y$$

18 式の値 文字に数をあてはめよう

→ 答えは
別冊6ページ

式の中の文字に数をあてはめることを**代入する**といい，代入して計算した結果を**式の値**といいます。

式の値の求め方について考えてみましょう。

問題 ❶ xの値が次の場合に，$3x-7$ の値を求めましょう。

(1) $x=5$ (2) $x=-2$

(1) もとの式を，記号×を使った式に直して，xに数を代入すると，

$$3x-7 = \boxed{}^{❶} = 3 \times \boxed{}^{❷} - 7 = \boxed{}^{❸} - 7 = \boxed{}^{❹}$$

(2) 負の数は，かっこをつけて代入して，符号のミスを防ぎます。

$$3x-7 = 3 \times x - 7 = 3 \times \boxed{}^{❺} - 7 = \boxed{}^{❻} - 7 = \boxed{}^{❼}$$

次は，累乗のある式の値を求めてみましょう。

問題 ❷ $x=-3$ のとき，次の式の値を求めましょう。

(1) $4x^2$ (2) $-x^2$

累乗のある式に負の数を代入するときは，符号の変化に注意して計算しましょう。

(1) $4x^2 = 4 \times x^2 = 4 \times \boxed{}^{❽}{}^2 = 4 \times \left(\boxed{}^{❾}\right) \times \left(\boxed{}^{❿}\right) = \boxed{}^{⓫}$

負の数はかっこをつけて代入する。

(2) $-x^2 = -\boxed{}^{⓬}{}^2 = -\left\{\left(\boxed{}^{⓭}\right) \times \left(\boxed{}^{⓮}\right)\right\} = \boxed{}^{⓯}$

負の数はかっこをつけて代入する。

$-x^2$の－を答えで
忘れないように！

044

1 $x＝3$ のとき，次の式の値を求めましょう。

(1)　$2x＋4$

(2)　$9－6x$

2 $x＝－4$ のとき，次の式の値を求めましょう。

(1)　$3x－2$

(2)　$8＋7x$

3 $x＝－2$ のとき，次の式の値を求めましょう。

(1)　$6x^2$

(2)　$(－x)^3$

1章
2章 文字と式
3章
4章
5章
6章
7章

代入したあとの数の計算では，四則混合の計算の順序を忘れないようにしよう。

19 同じ文字をまとめよう

→ 答えは 別冊6ページ

式 $2x-3$ で，加法の記号＋で結ばれた $2x$，-3 を**項**といいます。
文字をふくむ項 $2x$ の 2 を x の**係数**といいます。
項のまとめ方について考えてみましょう。

> 文字の部分が同じ項は，係数どうしを
> 計算して，1つの項にまとめることが
> できる。
> $2x+3x=(2+3)x=5x$

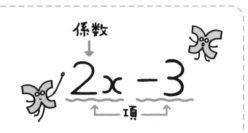

問題1 (1)　$3a+4a$　　　　(2)　$2x-5x$

(1)　文字の部分が同じ項は，係数どうしを計算して，

$$3a+4a=\left(\boxed{}^{❶}+\boxed{}^{❷}\right)a=\boxed{}^{❸}$$

とまとめることができます。

(2)　$2x-5x=\left(\boxed{}^{❹}\right)x=\boxed{}^{❺}$ 　係数の2と−5を計算する。

文字の項と数の項がある式は，文字の項どうし，数の項どうしをそれぞれまとめます。

問題2　$9y+2-4y+6$

$$9y+2-4y+6=\boxed{}^{❻}+2+6$$ 　文字の項，数の項をそれぞれ集める。
同じ文字の項　　数の項

$$=\left(\boxed{}^{❼}\right)y+2+6$$

文字の項と数の項は
これ以上まとめることは
できないよ。

$$=\boxed{}^{❽}$$

1 次の計算をしましょう。

(1) $2x+7x$

(2) $-8b+5b$

(3) $4a-3a$

(4) $6y-y$

(5) $5x+8+x-3$

(6) $3a-2-6a+8$

(7) $7y-4-5-3y$

(8) $-3+m+4-9m$

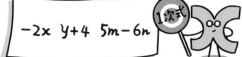 

ミス注意 (4)$-y$の係数は-1。$6y-y$の計算を，$6+y-y=6$としないように。

もっとくわしく １次式とは？

$2a$や$-3x$のように，文字が１つだけの項を１次の項といいます。

１次の項だけの式か，または，１次の項と数の項の和で表される式を１次式といいます。

$-2x$　$y+4$　$5m-6n$　1次式 ◯

1次式 ✕　ab　x^2　$xy+7$

20 文字式のたし算とひき算

→ 答えは 別冊6ページ

かっこのある文字式の計算は，かっこをはずして，文字の部分が同じ項どうし，数の項どうしをそれぞれまとめる。

かっこのはずし方

$+(\ \ )\longrightarrow$ 各項の符号は変わらない。

$-(\ \ )\longrightarrow$ 各項の符号は変わる。

問題 ① $(2x+7)+(3x-4)$

まず，かっこをはずします。$+(\ \ )$は，そのままかっこをはずします。

$(2x+7)+(3x-4)=2x+7$ ❶

= ❷ ❸

文字の項 ｜ 数の項

= ❹

文字の項，数の項をそれぞれ集める。

文字の項，数の項の和をそれぞれ求める。

問題 ② $(5a-6)-(2a-4)$

かっこの前に−の符号があるときは要注意です。

$-(\ \ )$は，かっこをはずすと，かっこの中の各項の符号が変わります。

$(5a-6)-(2a-4)=5a-6$ ❺

= ❻ ❼

文字の項 ｜ 数の項

= ❽

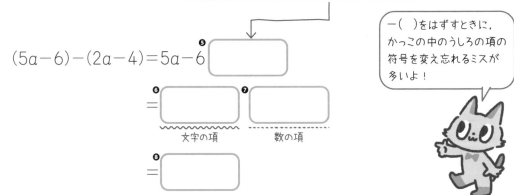

−（ ）をはずすときに，かっこの中のうしろの項の符号を変え忘れるミスが多いよ！

基本練習

1 次の計算をしましょう。

(1) $3x + (x - 5)$

(2) $a + (4 - 7a)$

(3) $2b - (3b - 1)$

(4) $4y - (5 - 8y)$

(5) $(7a - 6) + (2a - 9)$

(6) $(6y - 5) + (7 - 8y)$

(7) $(9m + 4) - (5m - 3)$

(8) $(3 - 7x) - (2x + 5)$

ミス注意 $-(\quad)$ をはずすときは，$(\quad)$ の中の各項の符号の変え忘れに注意しよう。

よくある ✕ まちがい　かくれている係数に注意

文字式では，係数の1は書きませんでしたね。
次のような項では，係数の1を見落としがちなので，
文字式の計算のときは注意しましょう。

$a \rightarrow$ 係数は $\boxed{1}$　$-a \rightarrow$ 係数は $\boxed{-1}$　$\dfrac{a}{2} \rightarrow$ 係数は $\boxed{\dfrac{1}{2}}$

21 1次式の乗除① 文字式のかけ算とわり算

→ 答えは 別冊7ページ

文字式のたし算，ひき算とくれば，次は，かけ算，わり算ですね。
まず，文字式に数をかける計算のしかたを考えてみましょう。

問題 1 (1) $2a \times 3$ (2) $8x \times (-5)$

(1) 文字式と数のかけ算は，数どうしの積を求め，それに文字をかけます。

$$2a \times 3 = 2 \times a \times 3 = \boxed{}^① \times a = \boxed{}^②$$

かけ算はかける順を変えることができる。

(2) $8x \times (-5) = 8 \times x \times (-5) = \boxed{}^③ \times x = \boxed{}^④$

数どうしの積

次は，文字式を数でわる計算のしかたを考えてみましょう。

問題 2 (1) $30m \div 6$ (2) $24y \div \left(-\dfrac{3}{4}\right)$

(1) 文字式と数のわり算は，分数の形にして約分します。

$$30m \div 6 = \dfrac{\boxed{}^⑤}{\boxed{}^⑥} = \boxed{}^⑦$$

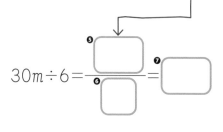

÷6を$\times\dfrac{1}{6}$とかけ算に
直して計算してもいいよ。

(2) わる数が分数のときは，わる数を逆数にしてかけます。

$$24y \div \left(-\dfrac{3}{4}\right) = 24y \boxed{}^⑧ \left(\boxed{}^⑨\right) = \boxed{}^⑩ \times y = \boxed{}^⑪$$

数どうしの積

基本練習

1 次の計算をしましょう。

(1)　$3x \times 4$

(2)　$7a \times (-5)$

(3)　$(-2y) \times (-9)$

(4)　$-6b \times 3$

(5)　$(-8m) \times \dfrac{1}{4}$

(6)　$\left(-\dfrac{2}{5}x\right) \times (-10)$

2 次の計算をしましょう。

(1)　$18a \div 6$

(2)　$(-12y) \div 3$

(3)　$36x \div (-4)$

(4)　$(-40b) \div (-8)$

(5)　$(-18a) \div \dfrac{2}{3}$

(6)　$-20m \div \left(-\dfrac{5}{8}\right)$

ミス注意 **2** (5)(6)わる数を逆数にして，かけ算に直して計算しよう。

22 文字式のかっこのはずし方

1次式の乗除②

→ 答えは 別冊7ページ

項が2つの文字式と数とのかけ算，わり算のしかたを考えてみましょう。

問題 1　(1)　$3(2a+5)$　　　　(2)　$(8a-20)÷(-4)$

(1)　**分配法則**を使って，数をかっこの中のそれぞれの項にかけます。

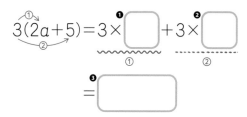

【分配法則】

$$a(b+c)=ab+ac$$
$$a(b-c)=ab-ac$$

(2)　まず，わり算をかけ算に直して，分配法則を使ってかっこをはずします。

$$(8a-20)÷(-4)=(8a-20)×\left(\boxed{}\right)$$

$$=8a×\left(\boxed{}\right)-20×\left(\boxed{}\right)$$
①　　　　　　　　②

$$=\boxed{}$$

分数の形の式に数をかける計算のしかたを考えてみましょう。

問題 2　$\dfrac{3x+5}{4}×12$

分母とかける数が約分できるときは，まずはじめに約分して，（　）×数 の形にして計算しましょう。

かっこでくくる。

$$\frac{3x+5}{4}×12=\frac{(3x+5)×12}{4}=(3x+5)×\boxed{}=\boxed{}$$

分母とかける数を約分

基本練習

1 次の計算をしましょう。

(1)　$6(x-2)$

(2)　$-4(5a-7)$

(3)　$(15y-9)\div3$

(4)　$(45x-30)\div(-5)$

(5)　$\dfrac{2x+9}{3}\times(-6)$

(6)　$20\times\dfrac{3x-7}{8}$

(7)　$2(3a-4)+3(a+2)$

(8)　$4(5x-2)-7(3x-1)$

😊🦊 (7)(8)まず分配法則を使ってかっこをはずし，文字の項，数の項をそれぞれまとめよう。

もっとくわしく　分数の形に直して計算！

問題 **1** の(2)のように，わる数が整数のときは，分数の形に直して計算することもできます。

$$(8a-20)\div(-4)=\dfrac{8a}{-4}-\dfrac{20}{-4}=-2a+5$$

ただし，わる数が分数のときは，複雑になるので，
わる数を逆数にしてかけましょう。

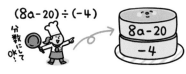

$(8a-20)\div(-4)$

23 [関係を表す式] 等式や不等式で表す

→ 答えは
別冊7ページ

等号＝を使って，2つの数量が等しい関係を表した式を**等式**といいます。また，不等号＞，＜，≧，≦を使って，2つの数量の大小関係を表した式を**不等式**といいます。

等式
$$2a+5=3b-4$$
左辺　右辺
└──両辺──┘

不等式
$$2x+5>3y-4$$
左辺　右辺
└──両辺──┘

問題 ❶ 画用紙a枚を，b人に1人6枚ずつ配ると，3枚余ります。この数量の関係を等式で表しましょう。

全体の画用紙の枚数＝b人に配った枚数＋余った枚数 ～ことばの式で表す。

❶〔　　　〕＝❷〔　　　〕＋❸〔　　　〕

等しい数量を＝で結ぶ。　1人あたりの枚数×人数

これより，等式は，❹〔　　　　　　　〕 ～×の記号をはぶいた式で表す。

問題 ❷ 2000円で，1個50円の品物をa個と1個100円の品物をb個買うことができます。この数量の関係を不等式で表しましょう。

50円の品物の代金＋100円の品物の代金 ❺〔　〕2000

❻〔　　　〕 ＋ ❼〔　　　〕 ❽〔　〕2000

「2000円で買うことができる」ということは，代金の合計が2000円以下ということだね。

これより，不等式は，❾〔　　　　　　　〕 ～×の記号をはぶいた式で表す。

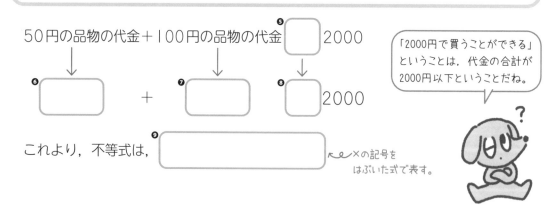

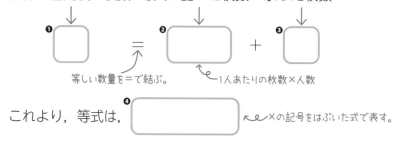

基本練習

1 次の数量の関係を等式で表しましょう。

(1) 200ページの本を，1日30ページずつa日間読んだら，残りのページ数がbページでした。

(2) 家から1500m離れた図書館まで，はじめは分速120mでx分間走り，その後，分速60mでy分間歩いて，ちょうど図書館に着きました。

2 次の数量の関係を不等式で表しましょう。

(1) 1本150円のお茶をx本買ったときの代金は，1本200円のジュースをy本買ったときの代金よりも高い。

(2) 60L入る空の水そうに，1分間にaLの割合で水を入れると，水そうがいっぱいになるまでにかかった時間はb分以下でした。

 2 aはb以上…$a \geqq b$, aはb以下…$a \leqq b$, aはbより大きい…$a > b$, aはb未満…$a < b$

復習テスト ③

➡ 答えは別冊18ページ

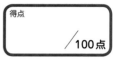

得点 ／100点

2章 文字と式

1
次の式を，文字式の表し方にしたがって表しましょう。 【各3点 計18点】

(1) $y×9×x$

(2) $c×b×(-1)$

〔　　　　〕

〔　　　　〕

(3) $n×m×n×n×m$

(4) $a÷(-5)$

〔　　　　〕

〔　　　　〕

(5) $(y-z)÷6$

(6) $a÷7÷b$

〔　　　　〕

〔　　　　〕

2
次の式を，×や÷の記号を使った式で表しましょう。 【各4点 計8点】

(1) ab^2

(2) $\dfrac{8x}{y}$

〔　　　　〕

〔　　　　〕

3
$x=-2$のとき，次の式の値を求めましょう。 【各4点 計8点】

(1) $3x+7$

(2) $2-x^2$

〔　　　　〕

〔　　　　〕

4
次の計算をしましょう。 【各3点 計18点】

(1) $y-4y$

(2) $8a-7+3-5a$

(3) $6x+(2x-9)$

(4) $4m-(5+7m)$

(5) $(3b-7)+(5-8b)$

(6) $(5x-4)-(x-9)$

5

次の計算をしましょう。　　　　　　　　　　　　　　　　【各4点　計32点】

(1)　$4a \times 7$

(2)　$48y \div (-8)$

(3)　$-3(8x-5)$

(4)　$(20b-12) \div (-4)$

(5)　$\dfrac{2x-3}{5} \times 10$

(6)　$(-9) \times \dfrac{5a-7}{6}$

(7)　$5(x-2)+2(3x+4)$

(8)　$3(4y-5)-7(3y-2)$

6

次の数量の関係を，等式または不等式で表しましょう。　　　　【各4点　計8点】

(1)　長さ5mのひもから，30cmのひもをx本切り取ったところ，残りのひもの長さは$y$cmでした。

〔　　　　　　　　　　　　　〕

(2)　博物館の入館料は，おとな1人1200円，中学生1人600円です。おとなa人，中学生b人の入館料の合計は10000円以下です。

〔　　　　　　　　　　　　　〕

7

縦$a$cm，横$b$cmの長方形があります。このとき，次の等式や不等式は，どのような数量の関係を表していますか。ことばで説明しましょう。　　【各4点　計8点】

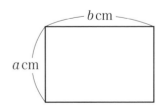

(1)　$ab=50$

〔　　　　　　　　　　　　　〕

(2)　$2(a+b)>30$

〔　　　　　　　　　　　　　〕

24 方程式とは？

答えは
別冊7ページ

54ページで，等式について学習しました。ここからは，式の中の文字に，ある数を入れたときにだけ成り立つ等式について考えていきます。

> 式の中の文字に特別な値を代入すると成り立つ等式を，方程式という。
> 方程式を成り立たせる文字の値を，その方程式の解という。
>
> $$2x+1=3x-2$$
> 左辺　　　右辺
> └──両辺──┘

問題 ① 1，2，3のうち，方程式 $2x+1=3x-2$ の解はどれですか。

文字 x に 1，2，3をそれぞれ代入して計算し，左辺の値と右辺の値を比べ，方程式が成り立つかどうかを調べます。

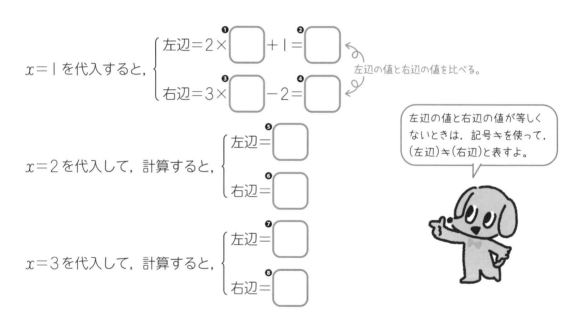

$x=1$ を代入すると，
$\begin{cases} 左辺 = 2 \times \boxed{①} + 1 = \boxed{②} \\ 右辺 = 3 \times \boxed{③} - 2 = \boxed{④} \end{cases}$

左辺の値と右辺の値を比べる。

$x=2$ を代入して，計算すると，
$\begin{cases} 左辺 = \boxed{⑤} \\ 右辺 = \boxed{⑥} \end{cases}$

$x=3$ を代入して，計算すると，
$\begin{cases} 左辺 = \boxed{⑦} \\ 右辺 = \boxed{⑧} \end{cases}$

左辺の値と右辺の値が等しくないときは，記号 ≠ を使って，（左辺）≠（右辺）と表すよ。

等式が成り立つのは，x に $\boxed{⑨}$ を代入したときだから，方程式の解は $\boxed{⑩}$ です。

式の中の文字に数を代入したとき，
左辺の計算の結果＝右辺の計算の結果
となること。

基本練習

1 −1，0，1のうち，方程式 $3x+4=9-2x$ の解はどれですか。

2 次の方程式のうち，解が−3であるものをすべて選び，記号で答えましょう。

⑦ $-3x+8=-1$　　　④ $4x-9=7x$　　　⑨ $2x-3=5x+6$

😊 ⚠️ミス注意 負の数を代入するときは，かっこをつけて代入し，符号のミスに注意しよう。

25 等式の性質を使って

→ 答えは別冊8ページ

方程式の解を求めることを**方程式を解く**といいます。

等式の性質

$A=B$のとき，

① $A+C=B+C$　　（同じ数をたしても等式は成り立つ）
② $A-C=B-C$　　（同じ数をひいても等式は成り立つ）
③ $A\times C=B\times C$　　（同じ数をかけても等式は成り立つ）
④ $A\div C=B\div C$ （$C\neq0$）　（同じ数でわっても等式は成り立つ）

問題1 次の方程式を，等式の性質を使って解きましょう。

(1) $x-3=5$ 　　(2) $4x=-12$ 　　(3) $-\dfrac{x}{2}=6$

---

(1) 　　$x-3=5$

$x-3\ \boxed{}^{①}=5\ \boxed{}^{②}$ 　　↪ 左辺をxだけの式にするには？

　　↪ 両辺に同じ数をたす。

$x=\boxed{}^{③}$

↪ $x=■$は，方程式の解が$■$であることを示しているので，これで方程式を解いたことになる。

(2) 　　$4x=-12$

$4x\ \boxed{}^{④}=-12\ \boxed{}^{⑤}$ 　　↪ 両辺を同じ数でわる。

$x=\boxed{}^{⑥}$

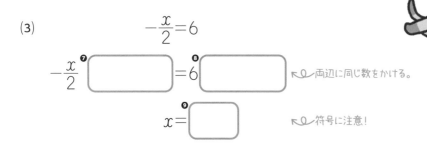

(2)は，両辺に$\dfrac{1}{4}$をかけると考えて解くこともできるよ。

(3) 　　$-\dfrac{x}{2}=6$

$-\dfrac{x}{2}\ \boxed{}^{⑦}=6\ \boxed{}^{⑧}$ 　　↪ 両辺に同じ数をかける。

$x=\boxed{}^{⑨}$ 　　↪ 符号に注意！

基本練習

1 次の□にあてはまる数を書きましょう。

(1) 方程式 $x+5=3$ を，等式の性質を使って解くと，

両辺から □ をひいて，$x+5-$ □ $=3-$ □ ，$x=$ □

(2) 方程式 $\dfrac{x}{2}=6$ を，等式の性質を使って解くと，

両辺に □ をかけて，$\dfrac{x}{2}\times$ □ $=6\times$ □ ，$x=$ □

2 次の方程式を，等式の性質を使って解きましょう。

(1) $x+9=4$

(2) $x-8=-7$

(3) $\dfrac{x}{5}=-2$

(4) $-3x=-21$

どの等式の性質を使えば，方程式が「$x=\blacksquare$」の形に変形できるかを考えよう。

もっとくわしく　x の係数が分数のとき

方程式 $\dfrac{2}{3}x=-6$ のように，x の係数が分数の方程式を解くときは逆数を使いましょう。

例　　$\dfrac{2}{3}x=-6$

$\dfrac{2}{3}x\times\dfrac{3}{2}=-6\times\dfrac{3}{2}$ ← 左辺を x だけの式にするために，

$x=-9$ 　　両辺に $\dfrac{2}{3}$ の逆数 $\dfrac{3}{2}$ をかける。

26 方程式を解いてみよう①

→ 答えは 別冊8ページ

方程式の解き方について学習しましょう。

②の式は，①の式の左辺にある＋7を符号を変えて－7として，右辺に移した形である。このように，等式では，一方の辺にある項を，その符号を変えて，他方の辺に移すことができ，これを移項という。

$$x+7=4 \quad \cdots\cdots①$$
両辺から7を引くと，
$$x+7-7=4-7$$
$$x=4-7 \quad \cdots\cdots②$$
$$x=-3$$

問題 1 次の方程式を解きましょう。

(1) $x-4=3$

(2) $5x=9x+24$

(1) 左辺の ❶[ ] を右辺に移項すると，

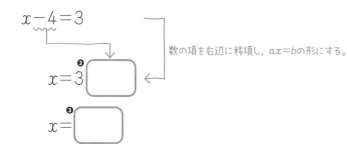

$$x-4=3$$
$$x=3 \; ❷[\quad]$$
$$x=❸[\quad]$$

数の項を右辺に移項し，$ax=b$の形にする。

(2) 右辺の ❹[ ] を左辺に移項すると，

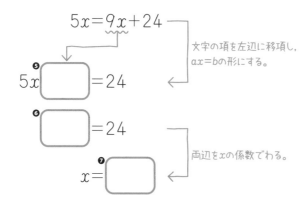

$$5x=9x+24$$
$$5x \; ❺[\quad]=24$$
$$❻[\quad]=24$$
$$x=❼[\quad]$$

文字の項を左辺に移項し，$ax=b$の形にする。

両辺をxの係数でわる。

方程式を解くときは，式を＝でそろえて書くといいよ。式の変わり方のようすがよくわかり，ミスを防げるよ。

基本練習

1 次の方程式を解きましょう。

(1) $x+6=2$

(2) $7x-3=11$

(3) $6+4x=2$

(4) $9-5x=-6$

(5) $2x=3x-9$

(6) $7x=4x-21$

(7) $-4x=2x+12$

(8) $3x=40-5x$

求めた解をもとの方程式に代入して，(左辺)＝(右辺)が成り立つか確かめよう。

もっとくわしく　１次方程式とは？

１次の項だけの式か，または，１次の項と数の項の和で表される式を１次式といいましたね。（47ページ参照）
移項して整理することによって，（１次式）＝0 の形に変形できる方程式を１次方程式といいます。
つまり，１次方程式とは $ax=b$ の形に変形できる方程式と考えてかまいません。

27 方程式を解いてみよう②

→ 答えは 別冊8ページ

「26 方程式を解いてみよう①」では，項を1つだけ移項して，方程式を解きました。
ここでは，文字の項，数の項の2つの項を移項して，方程式を解いてみましょう。

方程式の解き方の手順

❶文字の項を左辺に，数の項を右辺に移項する。

❷$ax=b$の形にする。

❸両辺をxの係数aでわって，xの値を求める。

$$4x-1=2x+5$$
$$4x-2x=5+1$$
$$2x=6$$
$$x=3$$

問題 1 次の方程式を解きましょう。

(1) $7x-4=3x+8$ (2) $3-5x=x-9$

(1) $$7x-4=3x+8$$

❶[ ] を右辺に，❷[ ] を左辺に移項すると，

$7x$❸[ ] $=8$❹[ ] ↰文字の項を左辺に，数の項を右辺に集める。

❺[ ] $x=$❻[ ] ↰$ax=b$の形にする。

$x=$❼[ ] ↰両辺をxの係数aでわる。

(2) $$3-5x=x-9$$

❽[ ] を右辺に，❾[ ] を左辺に移項すると，

$-5x$❿[ ] $=-9$⓫[ ]

⓬[ ] $x=$⓭[ ]

$x=$⓮[ ]

> 一般的に，文字の項を左辺に，数の項を右辺に集めるけど，文字の項を右辺に，数の項を左辺に集めてもいいよ。

基本練習

1 次の方程式を解きましょう。

(1) $2x - 5 = 3x - 1$

(2) $6x - 5 = 4x + 9$

(3) $5x + 2 = x - 6$

(4) $2x - 7 = 5x + 8$

(5) $x - 2 = 8x - 9$

(6) $3x - 7 = 9 - 5x$

(7) $15 - 7x = 45 - 2x$

(8) $6x + 90 = -30 - 9x$

(9) $4x - 7 = x - 5$

(10) $3 - 2x = 5x + 9$

 (9)(10)方程式の解はいつも整数になるとは限らない。わり切れないときは，分数で答えよう。

28 いろいろな方程式の解き方

→ 答えは 別冊8ページ

かっこのある方程式，分数や小数をふくむ方程式の解き方について考えてみましょう。

問題 ❶ 方程式 $8(x+3)=5x+6$ を解きましょう。

かっこのある方程式は，まず，分配法則を使って，かっこをはずします。

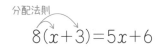
分配法則

$$8(x+3)=5x+6$$

❶ $\boxed{}=5x+6$

❷ $\boxed{}x=-18, \ x=$ ❸ $\boxed{}$

移項して，$ax=b$ の形に整理する。　　　両辺を x の係数 a でわる。

問題 ❷ 次の方程式を解きましょう。

(1) $\dfrac{1}{2}x-2=\dfrac{1}{4}x$ 　　　　(2) $0.1x+1.2=0.5x-2$

(1) 分数をふくむ方程式は，両辺に分母の公倍数をかけて，整数だけの式に直します。

$$\left(\dfrac{1}{2}x-2\right)\times\boxed{}^{❹}=\dfrac{1}{4}x\times\boxed{}^{❺}$$

両辺に最小公倍数をかけると，計算が簡単になる。

❻ $\boxed{}=x, \ x=$ ❼ $\boxed{}$

(2) 小数をふくむ方程式は，両辺に 10，100 をかけて，整数だけの式に直します。

$$(0.1x+1.2)\times\boxed{}^{❽}=(0.5x-2)\times\boxed{}^{❾}$$

$$x+12=\boxed{}^{❿}$$

$$-4x=\boxed{}^{⓫}, \ x=\boxed{}^{⓬}$$

小数第一位までの数は10を，小数第二位までの数は100をかければ，整数に直せるよ。

基本練習

1 次の方程式を解きましょう。

(1)　$3(x+5)=x+7$

(2)　$7x-2=2(5x-4)$

(3)　$3(2x-1)=5(6-x)$

(4)　$\dfrac{1}{5}x-3=\dfrac{1}{2}x$

(5)　$\dfrac{1}{4}x+5=\dfrac{2}{3}x-5$

(6)　$\dfrac{x+2}{3}=\dfrac{x-1}{2}$

(7)　$0.7x+0.5=0.4x-1.3$

(8)　$5.6-x=0.6x-2.4$

 (8)左辺に10をかけるとき，$-x$に10をかけ忘れて$56-x$としないように。

29 比例式を解いてみよう

→ 答えは
別冊9ページ

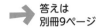

比 $a:b$ で，a, b を比の項といい，$\dfrac{a}{b}$ を**比の値**といいます。

2つの比 $a:b$ と $c:d$ が等しいことを $a:b=c:d$ と表し，この式を**比例式**といいます。比例式にふくまれる文字の値を求めることを，**比例式を解く**といいます。

比例式の性質

$$a:b=c:d \ ならば \ ad=bc$$

外側の項の積　　内側の項の積

問題 ① 次の比例式を解きましょう。

(1) $x:3=15:9$ (2) $2:x=10:35$

(1) $\quad x:3=15:9$

❶ $\boxed{}$ $x=$ ❷ $\boxed{}$

外側の項の積　　内側の項の積

$x=$ ❸ $\boxed{}$

(2) $\quad 2:x=10:35$

❹ $\boxed{}$ $=$ ❺ $\boxed{}$ x

外側の項の積　　内側の項の積

$x=$ ❻ $\boxed{}$

次は，かっこのある比例式の解き方を考えてみましょう。

問題 ② $9:(x+2)=6:x$ を解きましょう。

$9:(x+2)=6:x$

❼ $\boxed{}$ $x=$ ❽ $\boxed{}$ $(x+2)$ ← $x+2$ をひとまとまりとみて，比例式の性質を利用する。

$9x=$ ❾ $\boxed{}$ ← かっこをはずす。

❿ $\boxed{}$ $x=$ ⓫ $\boxed{}$, $x=$ ⓬ $\boxed{}$

比例式を，比例式の性質を使って，1次方程式にして解けばいいね。

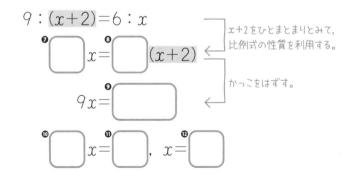

基本練習

1 次の比例式を解きましょう。

(1) $x:12=1:3$

(2) $20:x=5:2$

(3) $8:14=4:x$

(4) $10:12=x:18$

(5) $x:3=\dfrac{1}{2}:\dfrac{3}{4}$

(6) $\dfrac{3}{2}:\dfrac{2}{3}=x:4$

(7) $8:x=12:(x+1)$

(8) $(x-3):5=(x+3):15$

😊 ⭐ (7)(8)かっこをひとまとまりとみて，比例式の性質を利用して，方程式をつくろう。

もっとくわしく　比例式の性質

比例式の性質は，どのようにして導けるか考えてみましょう。

$a:b=c:d$ ← 比が等しいから，比の値は等しい。

$\dfrac{a}{b}=\dfrac{c}{d}$ ← 両辺にbとdをかける。

$\dfrac{a}{b}\times b\times d=\dfrac{c}{d}\times b\times d$

$ad=bc$ ← 外側の項の積＝内側の項の積

30 方程式の文章題

→ 答えは
別冊9ページ

方程式を使って，文章題を解いてみましょう。

方程式の文章題の解き方の手順

❶ **方程式をつくる。** ～問題の中の等しい数量関係を見つける。
何をxで表すかを決める。

❷ **方程式を解く。**

❸ **解の検討をする。** ～方程式の解が，その問題にあっているかを調べる。

何をxにしよう？
代金 ＝ 個数

問題 ❶ 1枚50円の画用紙を何枚かと，500円の色鉛筆を買い，1000円出したらおつりが100円でした。画用紙を何枚買いましたか。

数量の間の関係をつかむ	数量の間の関係をことばの式で表すと，

支払った金額－（画用紙の代金＋色鉛筆の代金）＝ ❶[　　　]

xで表す数量を決める

買った画用紙の枚数をx枚とする。

求めるものをxとすることが多いよ。

方程式をつくる

$$1000 - \left(\text{❷}\boxed{} + 500 \right) = \text{❸}\boxed{}$$

方程式を解く

$$1000 \,\text{❹}\boxed{} = \text{❺}\boxed{}$$ ～かっこをはずす。

$$\text{❻}\boxed{}\, x = \text{❼}\boxed{}$$ ～$ax=b$の形にする。

$$x = \text{❽}\boxed{}$$

解の検討をする

画用紙の枚数は自然数だから，この解は問題にあっている。

したがって，画用紙の枚数は ❾[　　]枚。

基本練習

1 1個180円のプリンと1個300円のシュークリームを合わせて10個
買ったら，代金の合計は2280円でした。プリンを何個買いましたか。

2 何人かの子どもにみかんを配ります。1人に4個ずつ配ると20個余り，
6個ずつ配ると10個たりません。次の問いに答えましょう。

(1) x人の子どもに4個ずつ配ったときのみかんの個数をxを使って表しま
しょう。

(2) 子どもの人数とみかんの個数を求めましょう。

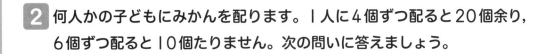 **2** みかんの個数は，（1人分の個数）×（子どもの人数）＋（余った個数），
または，（1人分の個数）×（子どもの人数）－（不足した個数）。

よくある✕まちがい　「解の検討」ってどういうこと？

方程式の解が小数や分数，負の数になったら要注意！
その解が問題の答えとして適しているかを検討しましょう。
- 個数，人数，金額などを求める問題では？
  答えとなる数は，自然数！
- 時間の前後，増減などを求める問題では？
  答えとなる数を，正の数を使ったいい方に直す！　例　－5年前 → 5年後

復習テスト

→ 答えは別冊18ページ

3章 方程式

1

-2, -1, 0, 1, 2のうち, 次の方程式の解はそれぞれどれですか。　【各5点　計10点】

(1)　$7x-3=4x$

(2)　$2x+15=5-3x$

〔　　　　　〕　　　　　　　　　　　〔　　　　　〕

2

次の方程式を解きましょう。　【各4点　計24点】

(1)　$x+3=-4$

(2)　$-\dfrac{x}{9}=-2$

〔　　　　　〕　　　　　　　　　　　〔　　　　　〕

(3)　$3x-5=7$

(4)　$5x-8=9x$

〔　　　　　〕　　　　　　　　　　　〔　　　　　〕

(5)　$6x+10=x-20$

(6)　$7x-2=9x-8$

〔　　　　　〕　　　　　　　　　　　〔　　　　　〕

3

次の方程式を解きましょう。　【各5点　計30点】

(1)　$3(x-5)=x-3$

(2)　$2(x-4)=7(x+1)$

〔　　　　　〕　　　　　　　　　　　〔　　　　　〕

(3)　$\dfrac{1}{6}x-5=\dfrac{2}{3}x+1$

(4)　$\dfrac{x+2}{3}=\dfrac{3x-2}{5}$

〔　　　　　〕　　　　　　　　　　　〔　　　　　〕

(5)　$1.2-0.2x=0.4x-3$

(6)　$0.8x-\dfrac{1}{2}=0.3x-2$

〔　　　　　〕　　　　　　　　　　　〔　　　　　〕

4 次の比例式を解きましょう。 【各5点 計10点】

(1) $9 : x = 3 : 2$

(2) $x : 5 = (x+4) : 10$

[　　　　　]　　　　　　　　　　[　　　　　]

5 兄は1000円，弟は600円を持って買い物に出かけました。文房具店で，同じノートを兄は5冊，弟は3冊買ったら，兄の残金は，弟の残金より40円多くなりました。ノート1冊の値段をx円として，次の問いに答えましょう。 【各5点 計15点】

(1) 兄の残金をxを使った式で表しましょう。

[　　　　　]

(2) 方程式をつくりましょう。

[　　　　　]

(3) (2)の方程式を解いて，ノート1冊の値段を求めましょう。

[　　　　　]

6 何人かの子どもに色紙を配ります。1人に10枚ずつ配ると25枚余り，1人に15枚ずつ配ると20枚たりなくなります。子どもの人数をx人として，次の問いに答えましょう。 【(1)5点，(2)6点 計11点】

(1) 色紙の枚数を2通りの式で表しましょう。

[　　　　　]

(2) 子どもの人数と色紙の枚数を求めましょう。

[　子どもの人数　　　　　，色紙の枚数　　　　　]

073

31 比例とは？ 比例

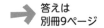 答えは
別冊9ページ

ともなって変わる2つの数量 x, y があって，x の値を決めると，y の値もただ1つに決まるとき，**y は x の関数である**といいます。

> **問題❶** ある自然数 x の約数の個数を y 個とすると，y は x の関数ですか。また，x は y の関数ですか。

x を4とすると，4の約数は1，2，4で個数 y は3個となり，x の値を決めると，y の値は1つに決まります。

よって，y は x の❶[   ]。

y を3とすると，約数が3個の自然数 x は4，9，25，…といくつもあり，y の値を決めても，x の値は1つに決まりません。

よって，x は y の❷[   ]。

次は，小学校でも学習した比例の関係について，さらにくわしく学習しましょう。

> **問題❷** 右の表は，ともなって変わる2つの数量 x, y の関係について表したものです。□にあてはまる数を書きましょう。
>
> | x | 0 | 1 | 2 | 3 | 4 | 5 |
> |---|---|---|---|---|---|---|
> | y | 0 | 4 | 8 | 12 | 16 | 20 |

(1) x の値が2倍，3倍，4倍，…になると，y の値は❸[ ]倍，❹[ ]倍，❺[ ]倍，…になります。

(2) $x \neq 0$ のとき，上下に対応する x と y の値の商 $\dfrac{y}{x}$ はどれも❻[ ]となり，一定です。

(3) y を x の式で表すと，$y = $❼[ ]$x$ となります。

x と y の間に，(1)～(3)のような関係があるとき，**y は x に比例する**といいます。

一般に，比例の式は，**$y = ax$** と表され，a を**比例定数**といいます。

基本練習

1 次の数量の関係について，yをxの式で表し，yがxに比例するものには○を，比例しないものには×を書きましょう。

(1) 1冊200円のノートをx冊と50円の消しゴムを1個買ったときの代金の合計をy円とします。

(2) 空の水そうに，毎分8Lの割合でx分間水を入れたときの，水そうの中の水の量をyLとします。

(3) 12kmの道のりを，時速$x$kmで進んだときにかかる時間をy時間とします。

(4) 1辺が$x$cmの正三角形の周の長さを$y$cmとします。

:) **ポイント** 式の形が$y＝ax$になれば，yはxに比例する。

もっとくわしく　変数とは？　定数とは？

比例の式$y＝4x$について，xやyのように，いろいろな値をとる文字を変数といいます。
これに対して，4のように，決まった数を定数といいます。ただし，文字が必ず変数というわけではありません。比例の式$y＝ax$の比例定数aのように，決まった数を表すものは文字であっても定数になります。

定数＝決まった数　いろいろな数

変数（x・y）

32 比例を表す式を求めよう

比例の式の求め方

→ 答えは
別冊9ページ

74ページで，yがxに比例するとき，x，yの関係を表す式は$y=ax$となることを学習しましたね。これを利用して，比例の式を求めてみましょう。

比例の式の求め方
❶ 求める式を$y=ax$とおく。
❷ この式に1組のx，yの値を代入する。
❸ aの値を求める。

問題❶ yはxに比例し，$x=3$のとき$y=15$です。yをxの式で表しましょう。

yはxに比例するから，比例定数をaとすると，$y=ax$とおくことができます。
$x=3$のとき$y=15$だから，$y=ax$に代入して，

$$\boxed{}^{❶}=a\times\boxed{}^{❷}，\quad a=\boxed{}^{❸}$$

> xの値とyの値を
> 逆に代入しない
> ように！

したがって，式は，$y=\boxed{}^{❹}$

問題❷ yはxに比例し，$x=8$のとき$y=-4$です。$x=-6$のときのyの値を求めましょう。

まず，**問題❶**と同じようにして，yをxの式で表し，その式にxの値を代入します。
比例定数をaとすると，$y=ax$とおくことができます。

$x=8$のとき$y=-4$だから，$y=ax$に代入して，$\boxed{}^{❺}=a\times\boxed{}^{❻}，\quad a=\boxed{}^{❼}$

したがって，式は，$y=\boxed{}^{❽}$

この式に$x=-6$を代入すると，$y=\boxed{}^{❾}\times(-6)=\boxed{}^{❿}$

負の数はかっこをつけて代入する。

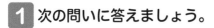

基本練習

1 次の問いに答えましょう。

(1) yはxに比例し，$x=2$のとき$y=-6$です。yをxの式で表しましょう。

(2) yはxに比例し，$x=12$のとき$y=3$です。$x=-8$のときのyの値を求めましょう。

(3) 右の表は，yがxに比例する関係を表したものです。**ア**，**イ**にあてはまる数を求めましょう。

x	-3	-2	……	**イ**
y	**ア**	8	……	-20

 yがxに比例するならば，比例定数をaとして，$y=ax$とおこう。

33 座標 座標を使って

→ 答えは 別冊10ページ

平面上で，点の位置を表すにはどうすればよいでしょうか。
まずは，ことばの意味をしっかり理解しておきましょう。

問題1 右下の図を見て，□にあてはまることばを書きましょう。

右の図のように，点Oで垂直に交わる２つの数直線を考

えます。横の数直線を ❶□，縦の数直線を ❷□，

両方をあわせて ❸□ といいます。

また，点Oを ❹□ といいます。

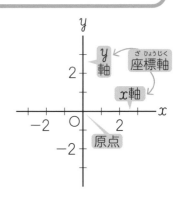

問題2 右下の図で，点A，B，C，Dの座標を答えましょう。

平面上での点の位置は，座標軸のx，yの値を使って表します。

点Aからx軸，y軸に垂直な直線をひくと，それぞ

れの軸と交わる点の目もりは，❺□，❻□です。

❼□ を点Aのx座標，❽□ を点Aのy座標といい，

点Aの座標は，A(❾□，❿□)と書きます。

点の座標は(x座標，y座標)と表す。

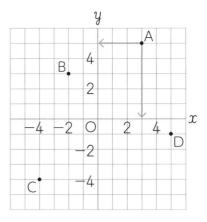

同じようにして，点B，C，Dの座標を求めると，

B(⓫□，⓬□)，C(⓭□，⓮□)，D(⓯□，⓰□)

基本練習

1 右の図で，点A，B，C，Dの座標を答え
ましょう。

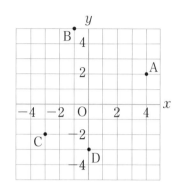

2 右の図に，座標が次のような点をかき入れ
ましょう。

A(3, 2)　　　　B(−4, 1)

C(−2, −5)　　D(1, 0)

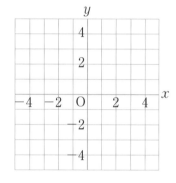

😊 💡 **2** P(a, b)は，x軸上のaの点とy軸上のbの点からそれぞれの軸に垂直にひいた直線の交点。

もっと💡くわしく　座標軸上の点の座標

右の図で，点A，Bはどちらもx軸上の点で，それぞれの座標は，
A(1, 0)，B(−3, 0)です。

このように，x軸上の点のy座標は0になります。

また，点C，Dはどちらもy軸上の点で，それぞれの座標は，
C(0, 2)，D(0, −4)です。

このように，y軸上の点のx座標は0になります。

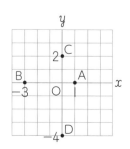

34 比例のグラフ①
比例のグラフのかき方

→ 答えは
別冊10ページ

小学校で学習した比例のグラフは，x，yの値がともに正の数の範囲でしたね。
中学校では，これを負の数までひろげて考えていきます。

比例のグラフ
$y=ax$のグラフは，原点を通る直線。
・$a>0$のとき，グラフは**右上がり**
・$a<0$のとき，グラフは**右下がり**

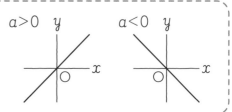

問題① 比例の関係$y=2x$のグラフをかきましょう。

(1) xの値に対応するyの値を求め，下の表を完成させます。

x	…	-3	-2	-1	0	1	2	3	…
y	…	❶	❷	❸	❹	❺	❻	❼	…

(2) (1)の表のx，yの値の組を座標とする点をとります。

(3) (2)でとった点を通る直線をかきます。

比例の関係$y=ax$のグラフを，もっとかんたんにかくことも
できます。次は，その方法について考えてみましょう。

比例のグラフは，必ず原点O$(0，0)$を通るので，$y=ax$のグラフは原点以外にグラフが通る点を1つ見つけ，その点と原点を通る直線をかけばよいのです。
では，$y=2x$のグラフのかき方を考えてみましょう。

$y=2x$は，$x=3$のとき$y=$❾□ だから，グラフは点（❿□，⓫□）を通ります。

これより，原点Oと点（⓬□，⓭□）を通る直線をかきます。

基本練習

1 次のグラフをかきましょう。

(1) $y=3x$

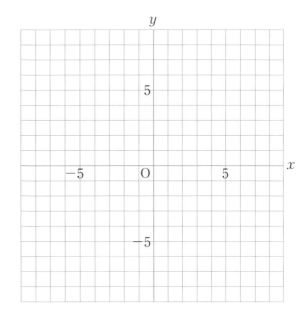

(2) $y=-2x$

😊 **ポイント** $x=■$のとき$y=●$ならば，グラフは原点と点($■$，$●$)を通る直線。

もっとくわしく　比例定数が分数のときは？

$y=\dfrac{1}{2}x$のグラフのかき方を考えてみましょう。

$x=1$のとき$y=\dfrac{1}{2}$なので，グラフは点$\left(1，\dfrac{1}{2}\right)$を通ります。

しかし，点$\left(1，\dfrac{1}{2}\right)$を正確にとることはむずかしいですね。

そんな場合は，x座標，y座標がともに整数であるような
点を見つけましょう。

$x=2$のとき$y=1$だから，グラフは点(2，1)も通ります。

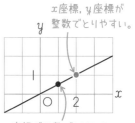

x座標，y座標が
整数でとりやすい。

y座標が分数でとりにくい。

081

比例のグラフから，その式の求め方について考えてみましょう。

比例のグラフの式の求め方
❶ グラフが通る点のうち，x座標，y座標が ともに整数であるような点を見つける。
❷ ❶で見つけた点の座標を，$y = ax$に代入 して，aの値を求める。
❸ yをxの式で表す。

問題❶ 右の図の(1)，(2)のグラフは比例の グラフです。それぞれについて，yをxの式で表しましょう。

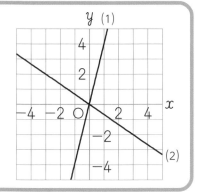

(1) まず，グラフが通る点のうち，x座標，y座標がはっきりよみとれる点を見つけます。

グラフは，点$\left(1, \boxed{}^{❶}\right)$を通ります。

この点の座標を$y = ax$に代入すると，

$\boxed{}^{❷} = a \times \boxed{}^{❸}$，$a = \boxed{}^{❹}$

x座標，y座標がはっきり よみとれる点とは， 方眼の縦線と横線が 交わっているところに ある点だよ。

したがって，式は，$y = \boxed{}^{❺}$

(2) (1)と同じように，まず，グラフが通る点を見つけます。

グラフは，点$\left(3, \boxed{}^{❻}\right)$を通るから，$\boxed{}^{❼} = a \times \boxed{}^{❽}$，$a = \boxed{}^{❾}$

したがって，式は，$y = \boxed{}^{❿}$

基本練習

1 右の図の(1)，(2)のグラフは比例のグラフです。それぞれについて，yをxの式で表しましょう。

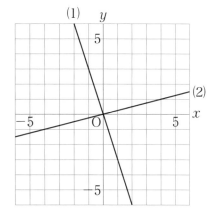

😊 📝 グラフが通る，原点以外の点を見つけること。

もっと！くわしく　代入する点の座標はいろいろ！

問題**1**の(1)のグラフは，点(1，4)のほかに点(−1，−4)も通っています。これより，この点の座標を$y=ax$に代入して，aの値を求めることもできます。

同じように，(2)のグラフは，点(−3，2)も通っているので，この点の座標を代入してもいいです。

このように，グラフが通る点のうち，x座標，y座標がともに整数であるような点を見つけることがポイントになります。

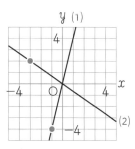

36 反比例 反比例とは？

→ 答えは 別冊10ページ

比例ときたら，次は反比例ですね。
比例とのちがいを考えながら，反比例について考えていきましょう。

> **問題 ①** 右の表は，ともなって変わる２つの
> 数量x，yの関係について表したも
> のです。□にあてはまる数や式を書
> きましょう。

x	1	2	3	4	5	6
y	12	6	4	3	2.4	2

(1) xの値が２倍，３倍，４倍，…になると，yの値は ❶ □ 倍， ❷ □ 倍，

❸ □ 倍，…になります。

(2) 上下に対応するxとyの値の積xyはどれも ❹ □ となり，一定です。

(3) yをxの式で表すと，$y=$ ❺ □ となります。

xとyの間に，(1)〜(3)のような関係があるとき，**yはxに反比例する**といいます。

一般に，反比例の式は，$y=\dfrac{a}{x}$ と表され，aを**比例定数**といいます。

> 反比例の式でも比例定数という。
> 反比例定数とはいいません。

また，反比例の関係は，２つの数量x，yの積xyが一定の数aになることから，
$xy=a$と表すこともできます。

> 比例の式と反比例の式は，
> 超重要！
> しっかり覚えて，いつでも
> 使えるようにしておくこと！

> 【比例の式と反比例の式】
> 比例の式…$y=ax$
> 反比例の式…$y=\dfrac{a}{x}$，$xy=a$

基本練習

1 次の数量の関係について，yをxの式で表し，yがxに反比例するものには〇を，反比例しないものには×を書きましょう。

(1) 180ページある本をxページ読んだときの残りのページ数をyページとします。

(2) 半径がx cmの円の周の長さをy cmとします。ただし，円周率は3.14とします。

(3) 90 cmのリボンをx等分したときの1本分の長さをy cmとします。

(4) 面積が20 cm^{2}の長方形の縦の長さをx cm，横の長さをy cmとします。

😊 式の形が$y = \dfrac{a}{x}$になれば，yはxに反比例する。

もっとくわしく　負の数までひろげて

中学校では，反比例の関係について，x，yの値や，比例定数を負の数までひろげて考えます。

例　反比例の関係$y = -\dfrac{6}{x}$　→　$-\dfrac{6}{x} = \dfrac{-6}{x}$と表せるので，比例定数は$-6$

x	…	-6	-5	-4	-3	-2	-1	0	1	2	3	4	5	6	…
y	…	1	1.2	1.5	2	3	6	$×$	-6	-3	-2	-1.5	-1.2	-1	…

0でわることはできないので，
$x=0$に対応するyの値はない。

37

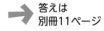

反比例の式の求め方

反比例を表す式を求めよう

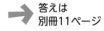

答えは
別冊11ページ

反比例の式の求め方について考えていきましょう。

> **反比例の式の求め方**
>
> ❶ 求める式を $y=\dfrac{a}{x}$ とおく。
>
> ❷ この式に1組の x，y の値を代入する。
>
> ❸ a の値を求める。

問題❶ y は x に反比例し，$x=3$ のとき $y=4$ です。y を x の式で表しましょう。
また，$x=-2$ のときの y の値を求めましょう。

y は x に反比例するから，比例定数を a とすると，$y=\dfrac{a}{x}$ とおくことができます。

$\underline{x=3}$ のとき $\underline{y=4}$ だから，$y=\dfrac{a}{x}$ に代入して，

$$\boxed{}^{❶}=\dfrac{a}{\boxed{}^{❷}}\ ,\ \ a=\boxed{}^{❸}$$

> 1組の x，y の値を代入すれば，a についての方程式ができるね。

したがって，式は，$y=\boxed{}^{❹}$

この式に $x=-2$ を代入すると，$y=\dfrac{\boxed{}^{❺}}{-2}=\boxed{}^{❻}$ ← 求めた式に $x=-2$ を代入して，y の値を求める。

次に，**問題❶** を例にして，反比例のもう1つの式 $xy=a$ を利用して，反比例の式を求めてみましょう。

$xy=a$ に $x=\boxed{}^{❼}$，$y=\boxed{}^{❽}$ を代入して，$a=\boxed{}^{❾}\times\boxed{}^{❿}=\boxed{}^{⓫}$

したがって，式は，$xy=\boxed{}^{⓬}$

基本練習

1 次の問いに答えましょう。

(1) yはxに反比例し，$x=4$のとき$y=-2$です。yをxの式で表しましょう。

(2) yはxに反比例し，$x=3$のとき$y=6$です。$x=-9$のときのyの値を求めましょう。

ポイント yがxに反比例するならば，比例定数をaとして，$y=\dfrac{a}{x}$とおこう。

もっとくわしく　反比例の式の表し方の注意点

● 比例定数が負の数のときは？

$-$の符号は分数の前に書く。

● 「yをxの式で表しなさい」のときは？

$y=(x$の式$)$の形で表す。

● 「x，yの関係を式で表しなさい」のときは？

どちらの形の式で表してもよい。

38 反比例のグラフ① 反比例のグラフのかき方

→ 答えは 別冊11ページ

比例のグラフは原点を通る直線になりましたね。
では，反比例のグラフはどんな形になるでしょう？

> 反比例のグラフ
>
> $y=\dfrac{a}{x}$ のグラフは，なめらかな2つの
>
> 曲線である。
> この曲線を双曲線という。

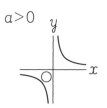 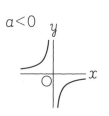

問題 ① 反比例の関係 $y=\dfrac{6}{x}$ のグラフをかきましょう。

(1) x の値に対応する y の値を求め，下の表を完成させます。

x	…	−6	−5	−4	−3	−2	−1	0	1	2	3	4
y	…	❶⬜	−1.2	−1.5	❷⬜	❸⬜	❹⬜	×	❺⬜	❻⬜	❼⬜	1.5

5	6	…
1.2	❽⬜	…

(2) (1)の表の x，y の値の組を座標とする点をとります。

点 $\left(1, \text{❾}⬜\right)$，$\left(2, \text{❿}⬜\right)$，$\left(3, \text{⓫}⬜\right)$

を右の座標平面上にとってみます。
さらに，残りの点もとっていきましょう。

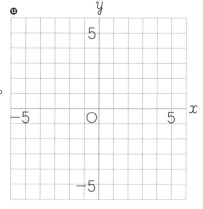

(3) (2)でとった点は，比例のグラフのような1つの直線上にはならんでいませんね。
そこで，これらの点を通るなめらかな曲線をかきます。

このように，反比例の関係 $y=\dfrac{6}{x}$ のグラフは

なめらかな2つの曲線になります。

> グラフは，座標軸に近づきながら限りなくのびるけど，交わることはないよ。

基本練習

1 次のグラフをかきましょう。

(1) $y = \dfrac{8}{x}$

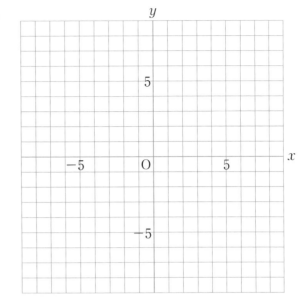

(2) $y = -\dfrac{9}{x}$

☺ ポイント とった点を通るなめらかな曲線をかこう。

よくある ✖ まちがい こんなグラフをかいちゃダメ！

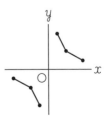

➡ x軸，y軸に近づくが交わらないようにすること。

➡ 2つの曲線の位置関係に注意すること。

➡ とった点はなめらかな曲線で結ぶこと。

39 反比例のグラフのよみ方

→ 答えは 別冊11ページ

反比例のグラフから，その式の求め方について考えてみましょう。

反比例のグラフの式の求め方

❶グラフが通る点のうち，x座標，y座標が
ともに整数であるような点を見つける。

❷❶で見つけた点の座標を，$y=\dfrac{a}{x}$ に代入し
て，aの値を求める。

❸yをxの式で表す。

問題❶ 右の図の(1), (2)のグラフは反比例のグラ
フです。それぞれについて，yをxの式
で表しましょう。

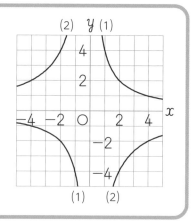

(1) グラフは，点$\left(1, \boxed{}^{❶}\right)$を通ります。🔎点(2, 2), (4, 1)なども通る。

この点の座標を$y=\underset{\text{反比例の式}}{\dfrac{a}{x}}$に代入すると，$\boxed{}^{❷}=\dfrac{a}{\boxed{}^{❸}}$, $a=\boxed{}^{❹}$

したがって，式は，$y=\boxed{}^{❺}$

↖ グラフが通る点の座標を代入する。

(2) グラフは，点$\left(\boxed{}^{❻}, -4\right)$を通ります。🔎点(4, -2), (-2, 4), (-4, 2)なども通る。

この点の座標を$y=\dfrac{a}{x}$に代入すると，$\boxed{}^{❼}=\dfrac{a}{\boxed{}^{❽}}$, $a=\boxed{}^{❾}$

したがって，式は，$y=\boxed{}^{❿}$

基本練習

1 右の図の(1)，(2)のグラフは反比例のグラフです。それぞれについて，yをxの式で表しましょう。

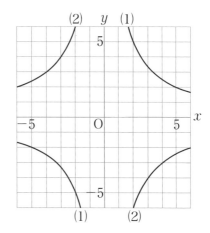

😃 **ポイント** グラフが通る点は，方眼の縦線と横線が交わっているところにある点の座標を見つけよう。

もっとくわしく　増加と減少

比例と反比例の増減のようすは，グラフで見るとわかりやすいです。

【比例$y=ax$】

$a>0$

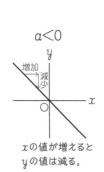

xの値が増えると
yの値も増える。

$a<0$

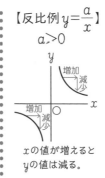

xの値が増えると
yの値は減る。

【反比例$y=\dfrac{a}{x}$】

$a>0$

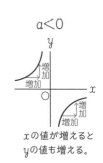

xの値が増えると
yの値は減る。

$a<0$

xの値が増えると
yの値も増える。

4章 比例と反比例

1

次の数量の関係について，yをxの式で表し，yがxに比例するものには○を，反比例するものには△を，どちらでもないものには×を書きましょう。

【式は各3点，○△×は各3点　計24点】

(1) xLの水を6等分したときの1つ分の水の量をyLとします。

式〔　　　　　　　〕，〔　　　　〕

(2) 60kmの道のりを，時速$x$kmで進んだときにかかる時間をy時間とします。

式〔　　　　　　　〕，〔　　　　〕

(3) 120Lの水が入っている水そうから，毎分5Lの割合でx分間排水したときの，水そうの中の水の量をyLとします。

式〔　　　　　　　〕，〔　　　　〕

(4) 底辺が$x$cm，高さが18cmの三角形の面積を$y$cm²とします。

式〔　　　　　　　〕，〔　　　　〕

2

次の問いに答えましょう。

【式は各5点，yの値は各3点　計16点】

(1) yはxに比例し，$x=6$のとき$y=3$です。yをxの式で表しましょう。また，$x=-8$のときのyの値を求めましょう。

式〔　　　　　　　〕，yの値〔　　　　〕

(2) yはxに反比例し，$x=-4$のとき$y=6$です。yをxの式で表しましょう。また，$x=2$のときのyの値を求めましょう。

式〔　　　　　　　〕，yの値〔　　　　〕

3

次の問いに答えましょう。 【各4点 計20点】

(1) 右の図で，点A，Bの座標を答えましょう。

Aの座標 ［　　　　　　　］

Bの座標 ［　　　　　　　］

(2) 右の図に，座標が次のような点をかき入れましょう。

P(3, −2)，Q(−4, −6)，R(−3, 0)

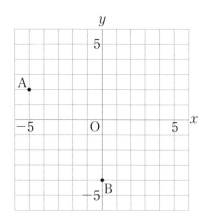

4

次のグラフをかきましょう。

【各7点 計28点】

(1) $y = 5x$

(2) $y = -\dfrac{1}{3}x$

(3) $y = \dfrac{4}{x}$

(4) $y = -\dfrac{12}{x}$

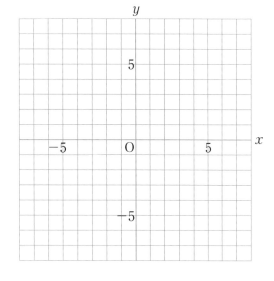

5

右の図で，(1)は比例のグラフ，(2)は反比例のグラフです。それぞれについて，yをxの式で表しましょう。 【各6点 計12点】

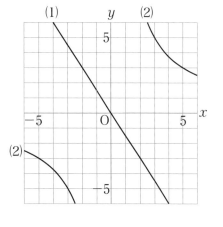

(1) ［　　　　　　　］

(2) ［　　　　　　　］

093

40 図形を動かしてみよう

→ 答えは
別冊11ページ

図形を，形や大きさを変えずに他の位置に動かすことを**移動**といいます。

問題❶ 右の図で，△DEFは，△ABCを矢印の
方向にその長さだけ平行移動したものです。
□にあてはまる記号を入れましょう。

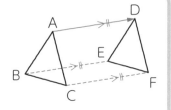

図形を，一定の方向に一定の長さだけずらして移すことを**平行移動**といいます。

上の図で，AD＝❶□＝❷□，AD//❸□//❹□

問題❷ 右の図で，△DEFは，△ABCを点Oを
回転の中心として一定の角度だけ回転移動
したものです。□にあてはまる記号を
入れましょう。

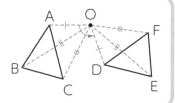

図形を，1つの点を中心として，一定の角度だけ回転させて移すことを**回転移動**といいます。中心とした点Oを**回転の中心**といいます。上の図で，

OA＝OD，OB＝❺□，OC＝❻□，∠AOD＝∠❼□＝∠❽□

問題❸ 右の図で，△DEFは，△ABCを
直線ℓを対称の軸として対称移動した
ものです。□にあてはまる記号を
入れましょう。

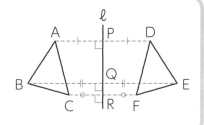

図形を，1つの直線を折り目として，折り返して移すことを**対称移動**といいます。折り目とした直線ℓを**対称の軸**といいます。上の図で，

AP＝DP，BQ＝❾□，CR＝❿□，ℓ⊥AD，ℓ⊥⓫□，ℓ⊥⓬□

基本練習

1 次の問いに答えましょう。

(1) 右の図の△ABCを，矢印の方向に矢印の長さだけ平行移動させてできる△DEFをかきましょう。

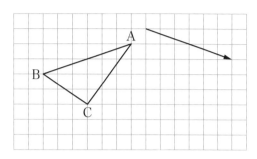

(2) 右の図の△ABCを，点Oを回転の中心として，時計と反対回りに90°だけ回転移動させてできる△DEFをかきましょう。

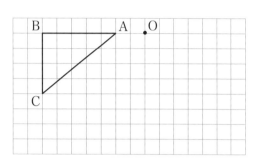

(3) 右の図の△ABCを，直線ℓを対称の軸として対称移動させてできる△DEFをかきましょう。

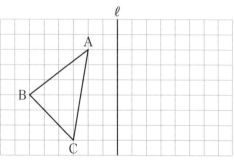

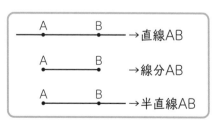 移動してできた図形は，もとの図形と合同である。

もっとくわしく 直線，線分，半直線とは？

小学校では，まっすぐな線はすべて直線としましたが，
中学校では，次の3つを区別してあつかいます。

直線…まっすぐに限りなくのびている線
線分…直線の一部分で，両端のあるもの
半直線…1点を端として一方にだけのびたもの

A ——— B ———	→直線AB
A ——— B	→線分AB
A ——— B ———	→半直線AB

41 作図してみよう①

→ 答えは
別冊12ページ

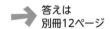

定規とコンパスだけを使って図をかくことを**作図**といいます。

垂直二等分線の作図

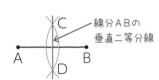

線分ABの
垂直二等分線

角の二等分線の作図

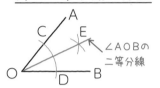

∠AOBの
二等分線

線分のまん中の点を**中点**といいます。中点を通り，その線分に垂直な直線を**垂直二等分線**といいます。手順にしたがって，線分の垂直二等分線を作図しましょう。

問題 1　線分ABの垂直二等分線の作図をしましょう。

① 点Aを中心として円をかきます。

② 点Bを中心として，①の円と等しい半径の円
をかき，①の円との交点をC，Dとします。

③ 直線CDをひきます。

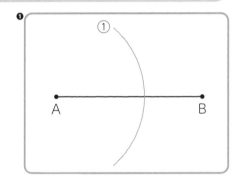

1つの角を2等分する半直線を**角の二等分線**といいます。手順にしたがって，角の二等分線を作図しましょう。

問題 2　∠AOBの二等分線の作図をしましょう。

① 頂点Oを中心とする円をかき，辺OA，OB
との交点をそれぞれ点C，Dとします。

② 点C，Dを中心として等しい半径の円をかき，
その交点をEとします。

③ 半直線OEをひきます。

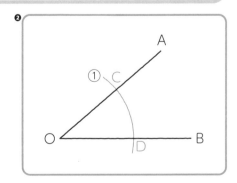

基本練習

1 次の作図をしましょう。

(1) 線分ABの垂直二等分線

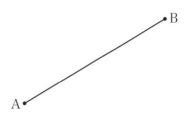

(2) ∠ABCの二等分線と辺ACとの交点P

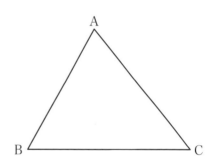

😊 **ミス注意** 下に示した作図のルールはしっかり守ること。

もっとくわしく 作図のルール

作図は，次のルールをしっかり守ってきれいにかきましょう。

● 分度器を使ってはいけません。

● 定規は直線をひくためだけに使います。
  定規で長さをはかってはいけません。

● 作図をするときに使った線は，どのように作図したかがわかるように，はっきり残しておきましょう。

42 作図してみよう②

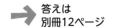 答えは
別冊12ページ

2直線が垂直であるとき，一方の直線を他方の直線の**垂線**といいます。

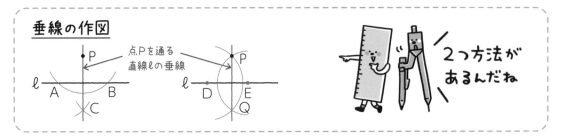

手順にしたがって，垂線を2通りのしかたで作図してみましょう。

> **問題①** 直線ℓ上にない点Pから直線ℓへの垂線を作図しましょう。

【垂線の作図1】

① 点Pを中心として，直線ℓに交わる円をかき，ℓとの交点をA，Bとします。

② 点A，Bを中心として，等しい半径の円をかき，その交点の1つをCとします。

③ 直線PCをひきます。

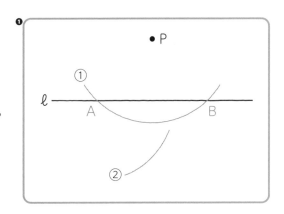

【垂線の作図2】

① 直線ℓ上に適当な点D，Eをとります。

② 点D，Eをそれぞれ中心として，半径DP，EPの円をかきます。

③ ②でかいた2つの円の交点のうち，Pでないほうの点をQとし，直線PQをひきます。

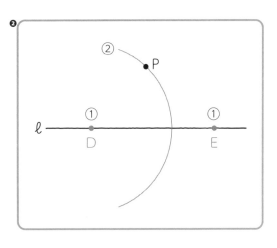

基本練習

1 次の作図をしましょう。

(1) 点Pから直線 ℓ への垂線

(2) △ABCで，頂点Bから辺AC
への垂線と頂点Cから辺ABへ
の垂線の交点P

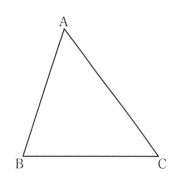

ミス注意 作図をするときに使った線は，作図の過程がわかるように残しておくこと。

もっとくわしく　直線上の点を通る垂線の作図

右の図で，線分AB上の点Oを通る
線分ABの垂線は，どのようにしてか
けばよいでしょう？
線分ABを∠AOB＝180°の角とみる
と，∠AOBの二等分線を作図すれば，
線分ABの垂線になりますね。

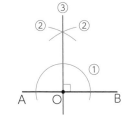

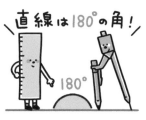

43 作図を利用しよう

答えは
別冊12ページ

　垂直二等分線，角の二等分線，垂線の作図は，ほかの作図をするときに利用できます。図形の性質を考えながら，どの作図を利用すればよいのかを見きわめて問題を解きましょう。

　垂線の作図…点と直線の距離，三角形の高さ，円の接線の作図に利用。
　垂直二等分線の作図…線分の中点，線対称な図形の対称の軸，2点から
　　　　　　　　　　　　等距離にある点などの作図に利用。
　角の二等分線の作図…30°や45°の角，2辺から等距離にある点の作図に
　　　　　　　　　　　利用。

問題 ❶　線分の中点を作図しましょう。

　線分の ❶［　　　　　　　］は，その線分の中

点を通ることを利用します。

　右の図の線分ＡＢを使って，線分ＡＢの中点

Ｍを作図しましょう。

❷
```
A ————————————————— B
```

問題 ❷　45°の大きさの角を作図しましょう。

　45°の角は，90°の角の半分の大きさの角です。

　これより，90°の角をかき，その角の ❸［　　　　　　　　　］を作図します。

　右の図の線分ＡＢを使って，次の①，②の手

順で，45°の角∠ＰＡＢを作図しましょう。

①　点Ａを通る直線ＡＢの垂線ＡＣを作図します。

②　∠ＣＡＢの二等分線ＡＰを作図します。

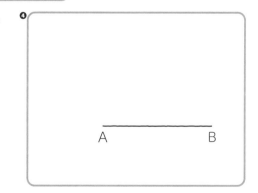

❹
```
             A ————————— B
```

基本練習

1 次の作図をしましょう。

(1) 右の図の△ABCで，辺BCを底辺とみたときの高さAH

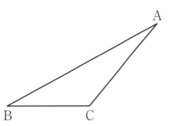

(2) 右の図のような線対称な図形の対称の軸

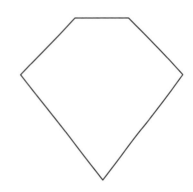

(2)線対称な図形の対称の軸は，対応する点から等距離になる点の集まり。

もっとくわしく　30°の角の作図

30°の角は，60°の角の半分の大きさ
なので，まず，60°の角をかき，この角
の二等分線を作図します。
60°の角は，正三角形の1つの角の大
きさが60°であることを利用してかくこ
とができます。

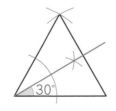

円の弧の両端を通る半径とその弧で囲まれた図形を**おうぎ形**といいます。

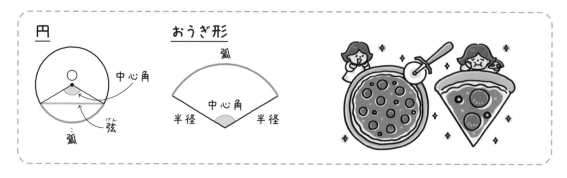

問題 1 右の図を見て，□にあてはまることばや記号を書きましょう。

(1) 円周上の2点AからBまでの円周の部分を，❶□ ＡＢといい，❷□ と表します。
小さい部分と大きい部分の2つあるが，ふつう，小さい部分のほうを示す。

記号⌢を使って表す。

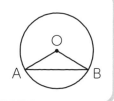

(2) 円周上の2点A，Bを結ぶ線分を，❸□ ＡＢといいます。

(3) ∠ＡＯＢを弧ＡＢに対する❹□ といいます。また，⌢ABを中心角∠AOBに対する弧という。

問題 2 右の図の色のついた部分の図形について，次の□にあてはまることばを書きましょう。

(1) この図形を❺□ ＯＡＢといいます。

また，∠ＡＯＢを❻□ といいます。

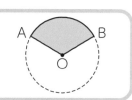

(2) この図形は❼□ 対称な図形です。

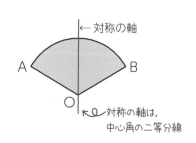

対称の軸は，中心角の二等分線

基本練習

1 右下の図で，●のついた６つの角はすべて等しい大きさです。□にあてはまることばや数，記号を書きましょう。

(1) おうぎ形OABを点Oを中心にして回転すると，おうぎ形OBCとぴったり重なり合います。

　このことから，１つの円で，等しい中心角に対する □ の長さは等しくなります。

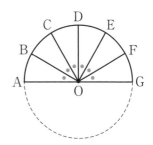

(2) (1)より，$\overset{\frown}{AB}$と$\overset{\frown}{BC}$の関係を式で表すと，

　　$\overset{\frown}{AB}$ □ $\overset{\frown}{BC}$

(3) $\overset{\frown}{BG}$の長さは，$\overset{\frown}{AB}$の長さの □ 倍です。

　　これを式で表すと， □

(4) $\overset{\frown}{AC}$と$\overset{\frown}{AG}$の関係を式で表すと，$\overset{\frown}{AG}$= □

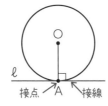 (3)(4)１つの円で，おうぎ形の弧の長さは，中心角の大きさに比例する。

もっとくわしく　円の接線

右の図のように，円○と直線ℓが１点Aだけを共有するとき，

直線ℓは円○に**接する**
直線ℓを円○の**接線**　}といいます。
点Aを**接点**

円の接線は，接点を通る半径に垂直です。

接点　A　接線

45 円とおうぎ形の長さと面積

→ 答えは 別冊13ページ

小学校では，円周率を3.14として計算しましたね。中学校では，これをギリシャ文字のπ（パイ）を使って表します。

問題 ❶ 半径rの円の円周の長さℓと面積Sを，πやrを使って表しましょう。

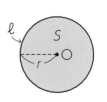

円周の長さ…$\ell = \boxed{}^{❶} \times 2 \times \boxed{}^{❷} = \boxed{}^{❸}$

$\underset{\text{半径×2×円周率}}{\underline{}}$

面積…$S = \boxed{}^{❹} \times \boxed{}^{❺} \times \boxed{}^{❻} = \boxed{}^{❼}$

$\underset{\text{半径×半径×円周率}}{\underline{}}$

文字式の表し方は，数→π→π以外の文字の順。

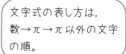

次は，おうぎ形の弧の長さと面積の求め方について考えてみましょう。

半径r，中心角$a°$のおうぎ形の弧の長さをℓ，面積をSとすると，

$$\ell = 2\pi r \times \frac{a}{360} \qquad S = \pi r^2 \times \frac{a}{360}$$

問題 ❷ 右の図のおうぎ形の弧の長さと面積を求めましょう。

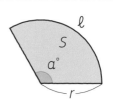

弧の長さは，

$2\pi \times \boxed{}^{❽} \times \dfrac{\boxed{}^{❾}}{360} = \boxed{}^{❿}$ (cm)

面積は，

$\pi \times \boxed{}^{⓫2} \times \dfrac{\boxed{}^{⓬}}{360} = \boxed{}^{⓭}$ (cm²)

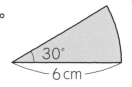

基本練習

1 右の円の円周の長さと面積を求めましょう。ただし，円周率は π とします。

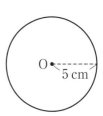

O ‥‥ 5 cm

2 次のおうぎ形の弧の長さと面積を求めましょう。ただし，円周率は π とします。

(1)

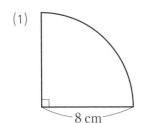

8 cm

(2)

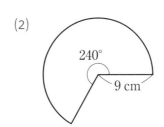

240°

9 cm

ミス注意 円周率 π はそのまま残しておくこと。3.14に直して計算しなくてよい。

もっとくわしく　おうぎ形の面積のもう1つの公式

おうぎ形の面積は，実は，中心角がわからなくても，弧の長さと半径がわかれば，次の公式で求めることができます。

半径 r，弧の長さ ℓ のおうぎ形の面積 S は，

$$S = \frac{1}{2}\ell r$$

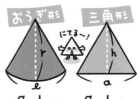

おうぎ形　三角形

にてる〜！

$S = \frac{1}{2}\ell r$　$S = \frac{1}{2}ah$

→答えは別冊19ページ

得点

／100点

5章 平面図形

1 右の図は，合同な8つの直角二等辺三角形を組み合わせて正方形をつくったものです。この正方形について，次の〔　〕に，あてはまる三角形，線分を記号で書きましょう。

【各3点　計24点】

(1) △AEOを平行移動すると，〔　　　　〕に重なります。

(2) △EBOを，点Oを回転の中心として回転移動すると，〔　　　〕，〔　　　〕，〔　　　〕に重なります。

(3) △BFOを，〔　　　　〕を対称の軸として対称移動すると，△CFOに重なり，〔　　　　〕を対称の軸として対称移動すると，△AHOに重なります。
　また，△BFOを対角線AC，BDを対称の軸として対称移動すると，それぞれ〔　　　〕，〔　　　〕に重なります。

2 右の図の△ABCを，まず，点Oを回転の中心として，時計と反対回りに90°だけ回転移動させて，次に，直線ℓを対称の軸として対称移動させてできる△DEFをかきましょう。

【12点】

106

3

次の作図をしましょう。

(1) 下の図の△ABCで，点Aを通る辺
BCの垂線と∠Bの二等分線の交点P

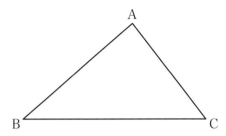

(2) 下の図の3点A，B，Cを通る円O

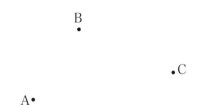

(3) 下の図のおうぎ形OABの対称の軸ℓ

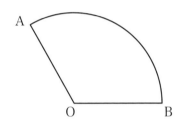

(4) 下の図で，円Oの円周上の点Aを接点
とする円Oの接線ℓ

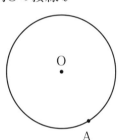

4

次のおうぎ形の弧の長さと面積を求めましょう。ただし，円周率はπとします。

(1)

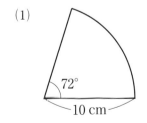

(2)

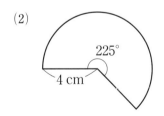

弧の長さ 〔　　　　　〕　　　　　　弧の長さ 〔　　　　　〕

　面積 〔　　　　　〕　　　　　　　　面積 〔　　　　　〕

46 いろいろな立体

→ 答えは
別冊13ページ

小学校で学習した直方体や立方体，角柱や円柱のような立体を**空間図形**といいます。
まずは，空間図形の種類を整理してみましょう。

三角柱 — 底面／頂点／側面／底面
三角錐 — 頂点／側面／底面
円錐 — 頂点／側面／底面

問題 1 次の⑦～⑰の立体について，□にあてはまることばや記号を書きましょう。

⑦　⑦　⑦　⑦　⑦　⑰

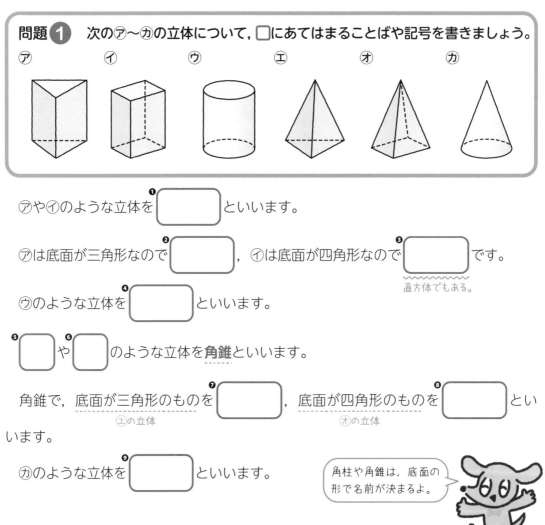

⑦や⑦のような立体を **❶[　　　]** といいます。

⑦は底面が三角形なので **❷[　　　]**， ⑦は底面が四角形なので **❸[　　　]** です。
　　　　　　　　　　　　　　　　　　　　　　　　　　　　　　　　直方体でもある。

⑦のような立体を **❹[　　　]** といいます。

❺[　　] や **❻[　　]** のような立体を **角錐** といいます。

角錐で，底面が三角形のものを **❼[　　　]**，底面が四角形のものを **❽[　　　]** とい
　　　　　　　⑦の立体　　　　　　　　　　　　　⑦の立体
います。

⑰のような立体を **❾[　　　]** といいます。

> 角柱や角錐は，底面の
> 形で名前が決まるよ。

108

1 立体の辺や面についてまとめます。左ページの㋐～㋕の立体を見て，下の表のあいているところにあてはまる数やことばを書きましょう。

	三角柱	四角柱	三角錐	四角錐
辺の数				
面の数				
底面の形				
側面の形				

2 右の立体について，次の問いに答えましょう。

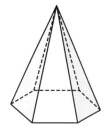

(1) 何という立体ですか。

(2) 底面の形はどんな図形ですか。

(3) 側面の数はいくつですか。

😊 **1** ○角錐は，頂点の数が（○＋１）個，辺の数が（○×２）本，面の数が（○＋１）個。

もっとくわしく　正多面体とは？

角柱や角錐のように，平面だけで囲まれた立体を多面体といいます。
たとえば，三角柱は５つの面で囲まれているので五面体です。
多面体のうち，次の２つの性質をもち，へこみのないものを正多面体といいます。

●すべての面が合同な正多角形
●どの頂点に集まる面の数も等しい

正多面体は，右の５種類しか存在しません。規則正しく，美しい立体ですね。

正四面体	正六面体	正八面体	正十二面体	正二十面体

47 直線や平面の平行・垂直

→ 答えは
別冊13ページ

空間内での直線や平面の位置関係について考えます。直線はかぎりなくのびているもの，平面はかぎりなく広がっているものとします。

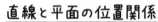

直線と直線の位置関係	直線と平面の位置関係
交わる　　平行　　ねじれの位置	平面上にある　交わる　　平行

問題❶ 右の図の直方体で，辺を直線，面を平面と見て，□にあてはまる記号を書きましょう。

直線ＡＢと平行な直線は，

直線ＤＣ, ❶ , ❷

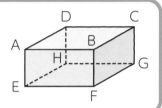

直線ＡＢと交わる直線は，

直線ＡＤ, ❸ , ❹ , ❺

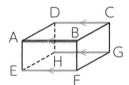

直線ＡＢと交わる直線は，どれも，直線ＡＢとのつくる角が90°なので，垂直に交わる。

これ以外の直線は，直線ＡＢと平行でなく，交わらない直線です。

このような直線を，直線ＡＢと**ねじれの位置にある**といいます。

よって，直線ＡＢとねじれの位置にある直線は，

直線ＥＨ, ❻ , ❼ , ❽

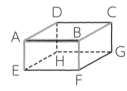

平面ＡＢＣＤと平行な直線は，

直線ＥＦ, ❾ , ❿ , ⓫

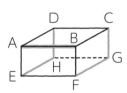

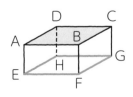

基本練習

1 右下の図の三角柱で，辺を直線，面を平面と見て，次の問いに答えましょう。

(1) 直線ADと平行な直線はどれですか。

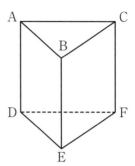

(2) 直線ADと交わる直線はどれですか。

(3) 直線ADとねじれの位置にある直線はどれですか。

(4) 直線ADと平行な平面はどれですか。

(5) 平面ADEBと交わる直線はどれですか。

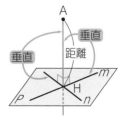 直線と直線の関係でもっとも問われるのは，ねじれの位置にある関係。

もっとくわしく　直線と平面の垂直

平面Pと点Hで交わる直線AHが，その交点Hを通る平面P
上の2直線 m，n に垂直であるとき，直線AHと平面Pは垂
直であるといいます。
また，線分AHの長さを，点Aと平面Pとの距離といいます。

111

48 平面と平面の平行・垂直

→ 答えは 別冊13ページ

ここでは，空間内の平面と平面の位置関係について考えてみましょう。

平面と平面の位置関係

平行　交わる

平面と平面の交わりは直線

平行　交わる

問題① 右の図の三角柱で，面を平面と見て，□にあてはまる記号やことばを書きましょう。

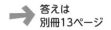

平面ＡＢＣと平行な平面は，

❶ 平面 □

交わらない2つの平面

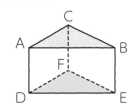

平面ＡＢＣと交わる平面は，

❷ 平面 □ ，**❸** □ ，**❹** □

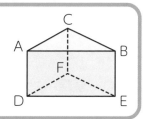

また，2つの平面が交わるとき，その交わったところにできる線は直線となり，この直線を **❺** □ といいます。

平面ＡＤＦＣは，ほかのどの4つの面とも交わっています。

このうち，平面ＡＤＦＣと垂直な平面は，

平面ＡＤＦＣと90°で交わる平面

❻ 平面 □ ，**❼** □

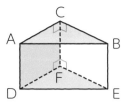

【平面の垂直】

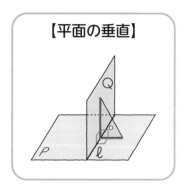

基本練習

1 右下の図は，直方体を２つに分けてできた三角柱です。次の問いに答えましょう。

(1) 平面ABCと平行な平面はどれですか。

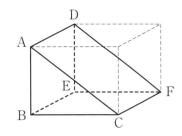

(2) 平面ABCと交わる平面はどれですか。

(3) 平面BCFEと垂直な平面はどれですか。

(4) 平面ACFDと垂直な平面はどれですか。

😊 平面と平面の関係は，交わるか，交わらない（平行）かのどちらか。

もっと くわしく 平面と平面の距離は？

２平面P，Qが平行であるとき，
平面P，Qの垂線とそれぞれの
平面との交点をA，Bとします。
このとき，線分ABの長さを，
　平面Pと平面Qの距離
といいます。

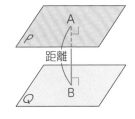

49 面を動かしてできる立体

面の動きと立体

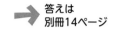

→ 答えは
別冊14ページ

まず，面を平行に動かしてできる立体について考えてみましょう。

> **問題❶** 三角形や円を，その面に垂直な方向に平行に動かすと，どんな立体ができるでしょうか。

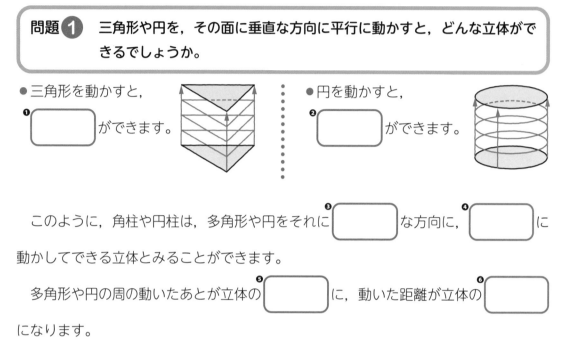

● 三角形を動かすと，

❶ [   ] ができます。

● 円を動かすと，

❷ [   ] ができます。

このように，角柱や円柱は，多角形や円をそれに **❸** [   ] な方向に，**❹** [   ] に動かしてできる立体とみることができます。

多角形や円の周の動いたあとが立体の **❺** [   ] に，動いた距離が立体の **❻** [   ] になります。

次は，面を1回転させてできる立体について考えてみましょう。

> **問題❷** 右の直角三角形を，直線ℓを軸として1回転させてできる立体について答えましょう。

1回転させてできる立体は **❼** [   ] です。

側面をえがく辺ABを **❽** [   ] といいます。

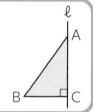

母線（ぼせん）
回転の軸

このようにしてできる立体を **❾** [   ] といい，軸とした

直線ℓを **❿** [   ] といいます。

基本練習

1 次の図形を，直線ℓを軸として1回転させると，どんな立体ができますか。
見取図をかいて，立体の名前を答えましょう。

(1)
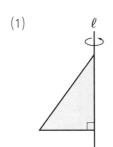

(2)

2 次の図形を，直線ℓを軸として1回転させてできる立体の見取図をかき
ましょう。

(1)

(2)
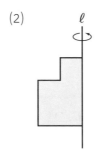

😊 **2** 円柱や円錐を組み合わせた立体を考えよう。

もっと くわしく　回転体の切り口は？

●回転の軸に垂直な平面で切ると？

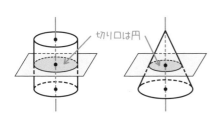

切り口は円

●回転の軸をふくむ平面で切ると？

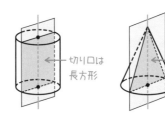

切り口は
長方形

切り口は
二等辺三角形

115

50 角柱や円柱の展開図

→ 答えは
別冊14ページ

立体を切り開いて，平面上に広げた図を**展開図**といいます。
まず，角柱の展開図について考えてみましょう。

問題❶ 右の三角柱について，次の問いに答えましょう。

(1) □にあてはまる数を書きましょう。

(2) その展開図をかきましょう。

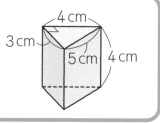

---

(1) 三角柱の展開図で，側面の長方形の

縦の長さは ❶□ cm，横の長さは ❷□ cm

三角柱の高さ　　　　　底面の三角形
　　　　　　　　　　　の周の長さ

になります。

1 cm
1 cm

(2) 右の図は，展開図の一部をかいたものです。
つづきをかいて，展開図を完成させましょう。

問題❷ 右の円柱の展開図について，□にあてはまる数やことばを書きましょう。

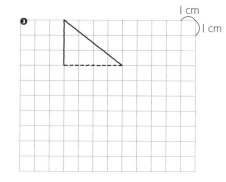

円柱の展開図で，底面は ❹□ ，側面は ❺□ になります。

側面の長方形の縦の長さは，円柱の ❻□ と等しく，❼□ cm，横の長さは，

底面の ❽□ の長さと等しく，2π × ❾□ ＝ ❿□ (cm)になります。

円周＝2π×半径

基本練習

1 右の円柱の展開図について，次の問いに答えましょう。

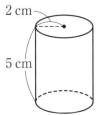

2 cm

5 cm

(1) 展開図で，側面の長方形の縦の長さと横の長さを
　　求めましょう。ただし，円周率は3とします。

(2) 展開図をかきましょう。

1 cm

1 cm

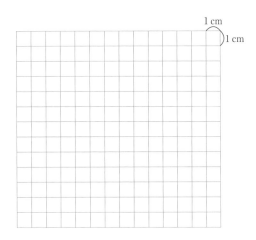

 円柱の展開図で，側面の長方形の横の長さは，底面の円周の長さと等しい。

もっとくわしく　正〇角柱，正●角錐とは？

角柱のうちで，底面が正多角形のものを正〇角柱といいます。
たとえば，底面が正三角形ならば正三角柱，正
方形ならば正四角柱になります。
また，角錐のうちで，底面が正多角形のものを
正●角錐といいます。
これもまた，底面が正三角形ならば正三角錐，
正方形ならば正四角錐になります。

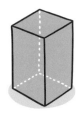

下から見たら

正方形！

51 角錐や円錐の展開図

角錐・円錐の展開図

→ 答えは 別冊14ページ

角錐，円錐の展開図について考えてみましょう。

問題❶ 下の正四角錐の展開図について，□にあてはまる数やことばを書きましょう。

正四角錐

側面　側面　底面　側面　側面

正四角錐の展開図は，底面が ❶ □ ，側面が ❷ □ つの合同な ❸ □

になります。

ふつう，角錐の展開図は，底面が多角形，側面が ❹ □ になり，側面の数は，底

―― 一般的な角錐の展開図がどうなるかな？

面の多角形の ❺ □ の数と等しくなります。

問題❷ 右の円錐の展開図について，□にあてはまることばを書きましょう。

円錐

側面

底面

円錐の展開図は，底面が ❻ □ ，側面が ❼ □ になります。

展開図を組み立てると，側面のおうぎ形の ❽ □ と底面の ❾ □ は重なり

合うので，この2つの部分の長さは等しくなります。

基本練習

1 下の図は，円錐とその展開図です。次の問いに答えましょう。ただし，円周率はπとします。

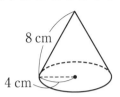

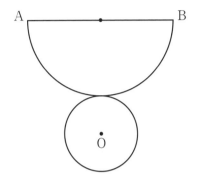

(1) 線分ABの長さを求めましょう。

(2) 円Oの円周の長さを求めましょう。

(3) $\overset{\frown}{\mathrm{AB}}$ の長さを求めましょう。

😀 **ポイント** 円錐の展開図で，側面のおうぎ形の弧の長さは，底面の円周の長さと等しい。

もっとくわしく 投影図

円錐に，正面から光を当てると二等辺三角形の影ができます。また，真上から光を当てると円の影ができます。それぞれの影の形は，円錐を正面と真上から見た形を表しています。
このように，立体を正面から見た形を 立面図，真上から見た形を 平面図 といい，立面図と平面図を組み合わせて表した図を 投影図 といいます。

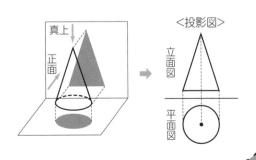

52 立体の表面積

立体の表面積

立体の表面全体の面積を**表面積**といいます。つまり，表面積は立体の展開図の面積になります。まず，角柱の表面積の求め方について考えてみましょう。

> **問題❶** 右の三角柱の表面積を求めましょう。
>
>

(1) １つの底面の面積を**底面積**といいます。←2つの底面の面積を合わせた面積を底面積としないように！

底面積は，$\dfrac{1}{2} \times$ ❶ $\boxed{}$ $\times$ ❷ $\boxed{}$ $=$ ❸ $\boxed{}$ (cm^2)

(2) 側面全体の面積を**側面積**といいます。

側面の長方形の

縦の長さは ❹ $\boxed{}$ cm，横の長さは ❺ $\boxed{}$ cm
　←三角柱の高さ　　　　←底面の周の長さ

だから，側面積は，❻ $\boxed{}$ $\times$ ❼ $\boxed{}$ $=$ ❽ $\boxed{}$ (cm^2)

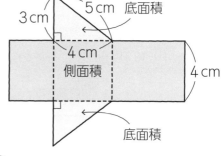

(3) 角柱の表面積＝底面積×２＋側面積

三角柱の表面積は，❾ $\boxed{}$ $\times 2 +$ ❿ $\boxed{}$ $=$ ⓫ $\boxed{}$ (cm^2)
　　　　　　　　　底面積　　　　　側面積

> **問題❷** 右の球の表面積を求めましょう。
>
>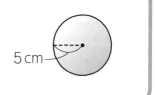

半径rの球の表面積をSとすると，$S = 4\pi r^2$　←公式の覚え方は，心 配 ある 事情
　　　　　　　　　　　　　　　　　　　　　　　　　　　　　　　 ４ π r 2乗

球の表面積は，⓬ $\boxed{}$ $\pi \times$ ⓭ $\boxed{}^2$ $=$ ⓮ $\boxed{}$ (cm^2)

基本練習

1 次の立体の底面積，側面積，表面積を求めましょう。ただし，円周率は π とします。

(1) 円柱

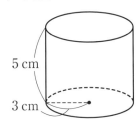

5 cm
3 cm

(2) 正四角錐

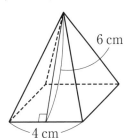

6 cm
4 cm

2 右の半球の表面積を求めましょう。ただし，円周率は π とします。

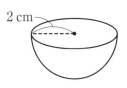

2 cm

😊 ﾐｽ注意 **2** 半球の表面積を，同じ半径の球の表面積の半分としないように。

もっとくわしく 円錐の表面積

円錐の表面積＝底面積＋側面積です。
側面積は，展開図で表したときのおうぎ形の
面積を求めればいいですね。
（おうぎ形の面積の公式は104ページを見よう！）
右の円錐の表面積は，

6 cm
6 cm
2 cm

6 cm
120°
2 cm

$$\pi \times 2^2 + \pi \times 6^2 \times \frac{120}{360} = 16\pi \, (\text{cm}^2)$$

底面積　　側面積

53 立体の体積

立体の体積

答えは
別冊15ページ

いろいろな立体の体積の求め方について考えてみましょう。

角柱・円柱の体積

$$V = Sh$$

（底面積S，高さh，体積V）

角錐・円錐の体積

$$V = \frac{1}{3}Sh$$

（底面積S，高さh，体積V）

問題① 下の四角柱，正四角錐の体積を求めましょう。

(1)

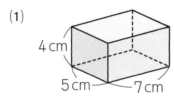

4 cm　5 cm　7 cm

(2)

6 cm　4 cm　4 cm

(1) 角柱・円柱の体積＝底面積×高さ

四角柱の体積は，$5 \times \boxed{}^{❶} \times \boxed{}^{❷} = \boxed{}^{❸}$ (cm^3)

角錐の体積は，
この角錐と底面と高さが
同じ角柱の体積の$\frac{1}{3}$だよ。

(2) 角錐・円錐の体積＝$\boxed{}^{❹}$×底面積×高さ

正四角錐の体積は，$\boxed{}^{❺} \times 4 \times 4 \times \boxed{}^{❻} = \boxed{}^{❼}$ (cm^3)

問題② 右の球の体積を求めましょう。

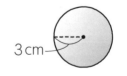

3 cm

半径rの球の体積をVとすると，$V = \frac{4}{3}\pi r^3$

公式の覚え方は，
身の上に心　配　ある　ので　参上
　$\frac{4}{3}$　　π　r　　　3乗

球の体積は，$\boxed{}^{❽}\pi \times \boxed{}^{❾}{}^3 = \boxed{}^{❿}$ (cm^3)

基本練習

1 次の立体の体積を求めましょう。ただし，円周率はπとします。

(1) 三角柱

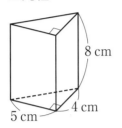

8 cm

5 cm　4 cm

(2) 円柱

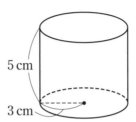

5 cm

3 cm

(3) 正四角錐

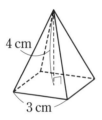

4 cm

3 cm

(4) 円錐

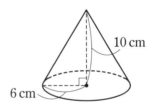

10 cm

6 cm

(5) 半球

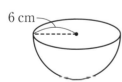

6 cm

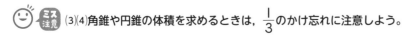

☺ ミス注意 (3)(4)角錐や円錐の体積を求めるときは，$\frac{1}{3}$ のかけ忘れに注意しよう。

復習テスト ❼

1 右の図は，直方体から三角柱を切り取った立体です。
辺を直線，面を平面と見て，次の問いに答えましょう。

【各4点 計28点】

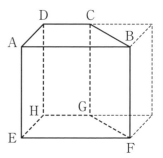

(1) 直線ABと平行な直線をすべて答えましょう。

〔 〕

(2) 直線ABと垂直な直線をすべて答えましょう。

〔 〕

(3) 直線ABとねじれの位置にある直線をすべて答えましょう。

〔 〕

(4) 平面AEHDと平行な直線をすべて答えましょう。

〔 〕

(5) 平面AEHDと交わる直線をすべて答えましょう。

〔 〕

(6) 平面AEFBと平行な平面をすべて答えましょう。

〔 〕

(7) 平面AEFBと垂直な平面をすべて答えましょう。

〔 〕

2 次の図形を，直線 ℓ を軸として1回転させてできる立体の見取図をかきましょう。

【各10点 計20点】

(1)

(2)

3

下の図1の円柱について，次の問いに答えましょう。【(1)各3点，(2)8点，(3)(4)各6点　計26点】

図1

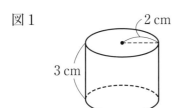

2 cm
3 cm

図2

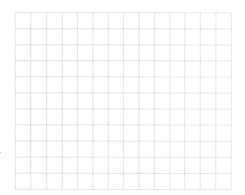

(1) この円柱の展開図で，底面と側面はそれぞれ
　　どんな形になりますか。

底面 〔　　　　　　〕，側面 〔　　　　　　〕

(2) この円柱の展開図を，図2にかきましょう。ただし，円周率は3，方眼の1目もり
　　は1cmとします。

(3) この円柱の体積を求めましょう。ただし，円周率はπとします。

〔　　　　　　〕

(4) この円柱の表面積を求めましょう。ただし，円周率はπとします。

〔　　　　　　〕

4

(1)，(2)の立体の体積を求めましょう。また，(3)の立体の体積と表面積を求めましょ
う。ただし，円周率はπとします。　【(1)(2)各8点，(3)各5点　計26点】

(1) 正四角錐

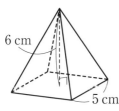

6 cm
5 cm

(2) 円錐

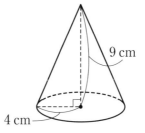

9 cm
4 cm

(3) 半球

6 cm

体積 〔　　　　　　〕

〔　　　　　　〕　　〔　　　　　　〕　　表面積 〔　　　　　　〕

54 分布のようすを表に整理しよう

→ 答えは 別冊15ページ

問題 1 右の記録は，ある中学校の1年生の男子25人のハンドボール投げの記録です。□にあてはまる数やことばを書きましょう。

ハンドボール投げの記録（m）

20	16	25	22	18
17	27	23	33	12
22	20	17	21	25
27	10	26	31	16
21	23	18	13	23

表1の1つ1つの区間（**ア**の部分）を ❶ □ といい，各階級に入るデータの個数（**イ**の部分）を，その階級の ❷ □ といいます。← 区間の幅を階級の幅という。
表1の階級の幅は4m

このように，整理した表を ❸ □ といいます。

❹～❼にあてはまる数を書いて，表を完成させましょう。

【表1】

階級（m）	度数（人）
以上 未満	
ア→ 10～14	3 ←イ
14～18	4
18～22	❹ □
22～26	❺ □
26～30	❻ □
30～34	❼ □
計	25

また，最初の階級からある階級までの度数の合計を**累積度数**といいます。

表2は，表1に累積度数のらんを書き加えたものです。

18m以上22m未満の階級の累積度数は，$3+4+$ ❽ $\Box$ $=$ ❾ $\Box$

〰〰〰〰 10～14，14～18，18～22
の階級の度数の合計

❿～⓬にあてはまる数を書いて，表を完成させましょう。

【表2】

階級（m）	度数（人）	累積度数（人）
以上 未満		
10～14	3	3
14～18	4	7
18～22	❹ □	❾ □
22～26	❺ □	❿ □
26～30	❻ □	⓫ □
30～34	❼ □	⓬ □
計	25	

基本練習

1 右の資料は，ある中学校の1年生の女子30人の50m走の記録です。次の問いに答えましょう。

(1) 度数分布表の度数の空らんにあてはまる数を書きましょう。

50m走の記録（秒）

8.7	9.3	8.0	7.6	8.5
7.8	7.4	9.1	8.8	8.3
7.5	7.9	8.7	10.4	8.4
9.7	8.6	9.1	7.1	7.8
8.8	10.0	8.3	9.4	8.7
8.2	8.5	7.3	8.3	8.9

階級（秒）	度数（人）	累積度数（人）
以上　　未満 7.0 〜 7.5	3	3
7.5 〜 8.0		
8.0 〜 8.5		
8.5 〜 9.0		
9.0 〜 9.5		
9.5 〜 10.0		
10.0 〜 10.5		
計	30	

(2) 度数分布表の累積度数の空らんにあてはまる数を書きましょう。

ミス注意 度数の合計，10.0〜10.5の階級の累積度数が全体の人数30人になっているかを確認しよう。

もっとくわしく　範囲とは？

データの値の中で，
　もっとも小さい値を 最小値，
　もっとも大きい値を 最大値
といいます。
この最大値と最小値の差を，
分布の 範囲 といいます。

範囲＝最大値－最小値

55 分布のようすをグラフに表そう

→ 答えは 別冊15ページ

問題❶ 右の表は，126ページのハンドボール 投げの記録を度数分布表に整理したもの です。

(1) 度数分布表をヒストグラムに表しま しょう。

(2) ヒストグラムをもとにして，度数折 れ線をかきましょう。

ハンドボール投げの記録

階級(m)	度数(人)
以上　　未満 10〜14	3
14〜18	4
18〜22	6
22〜26	7
26〜30	3
30〜34	2
計	25

(1) 階級の幅を横，度数を縦とする 長方形を順に並べて，度数の分布 のようすを表したグラフを

❶ ⬚ ，または，

<ruby>柱状<rt>ちゅうじょう</rt></ruby>グラフといいます。

右のヒストグラムを完成させま しょう。

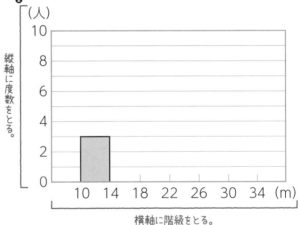

横軸に階級をとる。

(2) ヒストグラムで，それぞれの長 方形の上の辺の中点を順に線分で 結びます。

ただし，両端では，度数が0の 階級があるものと考えて，線分を 横軸までのばします。

このような折れ線を<ruby>度数折れ線<rt>どすうおせん</rt></ruby>， または，<ruby>度数分布多角形<rt>どすうぶんぶたかくけい</rt></ruby>といいま す。

右の度数折れ線を完成させま しょう。

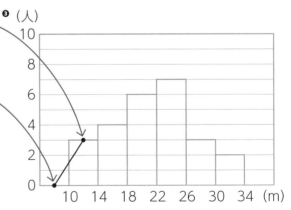

128

1 右の表は，127ページの50m走の記録を度数分布表に整理したものです。次の問いに答えましょう。

(1) 度数分布表をヒストグラムに表しましょう。

(2) ヒストグラムをもとにして，度数折れ線をかきましょう。

50m走の記録

階級(秒)	度数(人)
以上　　未満 7.0 〜 7.5	3
7.5 〜 8.0	5
8.0 〜 8.5	6
8.5 〜 9.0	9
9.0 〜 9.5	4
9.5 〜 10.0	1
10.0 〜 10.5	2
計	30

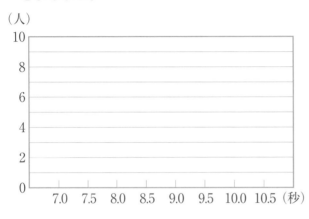

度数折れ線では，両端に度数が0の階級があるものと考えよう。

もっとくわしく　階級の幅を変えたヒストグラム

下の2つのヒストグラムは，128ページのヒストグラムを，階級の幅を変えてつくったものです。このように，同じデータからつくったヒストグラムでも，階級の幅を変えると，分布の見え方が変わってきます。データの分布のようすを調べるときは，階級の幅をいろいろと変えて考えることが重要です。

階級の幅
6mの
ヒストグラム

階級の幅
3mの
ヒストグラム

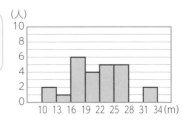

56 代表値 データを代表する値

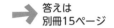

答えは
別冊15ページ

平均値，中央値，最頻値のように，データの値全体を代表して，その分布のようすを表す値を代表値といいます。

問題 ① 126ページのある中学校の1年生の男子25人のハンドボール投げの記録を，記録の短いほうから順に並べると，右のようになります。
中央値，最頻値を求めましょう。

ハンドボール投げの記録(m)

10	12	13	16	16
17	17	18	18	20
20	21	21	22	22
23	23	23	25	25
26	27	27	31	33

中央値は，データを大きさの順に並べたときの中央の値だから，❶□ m

↖13番目の値

最頻値は，データの中で，もっとも多い値だから，❷□ m

問題 ② 128ページのハンドボール投げの記録の度数分布表から，平均値を四捨五入して小数第1位まで求めましょう。

度数分布表で，それぞれの階級のまん中の値を階級値といいます。

❸〜❺にあてはまる数を書きましょう。

それぞれの階級の記録の合計は，階級値×度数とみなします。

❻〜❾にあてはまる数を書きましょう。

$$平均値＝\frac{（階級値×度数）の合計}{度数の合計}$$

階級(m) 以上 未満	階級値(m)	度数(人)	階級値×度数
10〜14	12	3	36
14〜18	16	4	64
18〜22	20	6	120
22〜26	❸□	7	❻□
26〜30	❹□	3	❼□
30〜34	❺□	2	❽□
計		25	❾□

より，平均値は，❿□ ÷ ⓫□ ＝ ⓬□

（階級値×度数）の合計 ↖　　↖度数の合計

⓭□ m

基本練習

1 右の記録は，ある中学校の1年生の男子20人の垂直とびの記録です。次の問いに答えましょう。

垂直とびの記録（cm）

43	36	47	32	42
48	34	45	40	38
40	53	38	43	49
39	32	42	38	44

(1) 中央値を求めましょう。

(2) 最頻値を求めましょう。

(3) 右の表は，垂直とびの記録を度数分布表に整理したものです。空らんにあてはまる数を入れて，度数分布表から記録の平均値を求めましょう。

階級（cm）	階級値（cm）	度数（人）	階級値×度数
以上　未満			
30 ～ 34	32	2	64
34 ～ 38	36	2	72
38 ～ 42		6	
42 ～ 46		6	
46 ～ 50		3	
50 ～ 54		1	
計		20	

😊 **ミス注意** (3)度数分布表から，各階級の階級値×度数を求め，その合計を度数の合計でわる。

もっとくわしく　度数分布表の最頻値

度数分布表では，度数のもっとも多い階級の階級値を最頻値とします。

右の度数分布表から，ハンドボール投げの記録の最頻値を求めてみましょう。

度数がもっとも多い階級は22m以上26m未満の階級です。

これより，最頻値は，この階級の階級値24mになります。

階級（m）	度数（人）
以上　未満	
10 ～ 14	3
14 ～ 18	4
18 ～ 22	6
22 ～ 26	7
26 ～ 30	3
30 ～ 34	2
計	25

57 データを割合で比べよう
相対度数と累積相対度数

→ 答えは別冊16ページ

それぞれの階級の度数の全体に対する割合を**相対度数**といいます。

また，最初の階級からある階級までの相対度数の合計を**累積相対度数**といいます。

問題 ① 126ページのある中学校の1年生の男子25人のハンドボール投げの記録について，次の問いに答えましょう。

(1) 相対度数と累積相対度数を求めましょう。

(2) 相対度数を折れ線で表しましょう。

(1) **相対度数 = 階級の度数 / 度数の合計**

にあてはめて計算します。

18m以上22m未満の階級の相対度数は，

$$\frac{❶\boxed{}}{❷\boxed{}} = ❸\boxed{}$$

累積相対度数は，

$$0.12 + 0.16 + ❹\boxed{} = ❺\boxed{}$$

階級(m) 以上 未満	度数(人)	相対度数	累積相対度数
10 ～ 14	3	0.12	0.12
14 ～ 18	4	0.16	0.28
18 ～ 22	6	❻	❿
22 ～ 26	7	❼	⓫
26 ～ 30	3	❽	⓬
30 ～ 34	2	❾	⓭
計	25	1.00	

相対度数の合計は1になる。
ただし，四捨五入した相対度数では，合計が1にならない場合がある。
その場合も相対度数の合計は1.00と書く。

(2) 10m以上14m未満の階級では，階級値の12mのところに相対度数0.12となる点をとります。

ただし，度数折れ線と同じように，両端では，相対度数が0の階級があるものと考えて，線分を横軸までのばします。

相対度数の折れ線を，相対度数の度数分布多角形ともいいます。

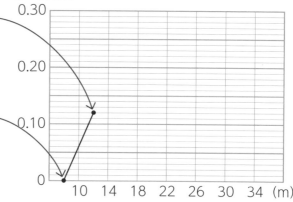

❶（相対度数）

132

基本練習

1 右の度数分布表は，ある中学校の1年生の女子50人の立ち幅とびの記録を，度数分布表に表したものです。次の問いに答えましょう。

(1) 度数分布表の空らんにあてはまる相対度数と累積相対度数を書きましょう。

(2) 相対度数の折れ線をかきましょう。

立ち幅とびの記録

階級(cm)	度数(人)	相対度数	累積相対度数
以上　未満 100 ～ 120	5	0.10	0.10
120 ～ 140	8		
140 ～ 160	14		
160 ～ 180	12		
180 ～ 200	7		
200 ～ 220	4		1.00
計	50	1.00	

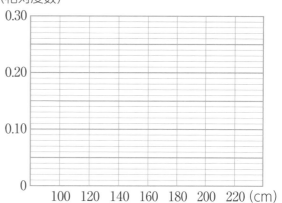

(相対度数)

😊 **ミス注意** (2)グラフの両端は，線分を横軸までのばすことを忘れないように。

もっとくわしく　確率の意味

右の表は，画びょうを投げる実験をくり返し行い，画びょうが上向きになった回数を調べ，その相対度数を求めたものです。

実験を多数回くり返すと，画びょうが上向きになる相対度数は，0.53という値に近づいていきます。この値は，画びょうが上向きになることが期待される程度を数で表したもので，画びょうが上向きになる**確率**といいます。

投げた 回数	上向きに なった回数	相対度数
50	34	0.68
100	61	0.61
300	174	0.58
500	280	0.56
1000	530	0.53

→ 答えは別冊20ページ

得点 ／100点

7章 データの活用

1 右の表は，生徒35人の通学時間を調べ，度数分布表に整理したものです。次の問いに答えましょう。

【⑴⑵⑶⑷各4点，⑸⑹各8点，⑺□は各2点，平均値8点　計50点】

通学時間

階級（分）	度数（人）
以上　未満	
0 〜 4	3
4 〜 8	5
8 〜 12	
12 〜 16	6
16 〜 20	9
20 〜 24	4
計	35

⑴　表の空らんにあてはまる数を求めましょう。

〔　　　　　〕

⑵　通学時間が短いほうから数えて15番目の生徒が入っている階級を求めましょう。

〔　　　　　〕

⑶　中央値が入っている階級を求めましょう。

〔　　　　　　　　　　　　〕

⑷　最頻値を求めましょう。

〔　　　　　〕

⑸　度数分布表をヒストグラムに表しましょう。

⑹　ヒストグラムをもとにして，度数折れ線をかきましょう。

（人）

（縦軸 0〜10，横軸 0 4 8 12 16 20 24（分））

⑺　右の表は，上の度数分布表に，階級値と（階級値×度数）のらんを書き加えたものです。□にあてはまる数を書きましょう。

また，度数分布表から通学時間の平均値を，四捨五入して小数第1位まで求めましょう。

階級（分）	階級値（分）	度数（人）	階級値×度数
以上　未満			
0 〜 4	2	3	6
4 〜 8	6	5	30
8 〜 12	❶	8	80
12 〜 16	14	6	❸
16 〜 20	❷	9	162
20 〜 24	22	4	❹
計		35	❺

通学時間の平均値〔　　　　　〕

2　下の表は，A中学校とB中学校の1年生男子について，50m走の記録を調べ，整理したものです。次の問いに答えましょう。　【(1)各2点，(2)(3)(4)各4点，(5)(6)各6点　計50点】

50m走の記録

階級(秒)	A中学校			B中学校		
	度数(人)	相対度数	累積相対度数	度数(人)	相対度数	累積相対度数
以上　未満 6.5 ～ 7.0	5	0.10	0.10	14	0.07	0.07
7.0 ～ 7.5	9	0.18	❶	30	❼	❿
7.5 ～ 8.0	13	0.26	❷	❺	0.23	⓫
8.0 ～ 8.5	11	0.22	❸	56	❽	⓬
8.5 ～ 9.0	8	0.16	❹	❻	0.17	⓭
9.0 ～ 9.5	4	0.08	1.00	20	❾	1.00
計	50	1.00		200	1.00	

(1)　上の表の☐にあてはまる数を書きましょう。

(2)　A中学校で，記録が8.0秒未満の生徒は全体の何%ですか。

〔　　　　　〕

(3)　B中学校で，記録が8.0秒未満の生徒は何人ですか。

〔　　　　　〕

(4)　記録が8.5秒未満の生徒の割合が大きいのは，どちらの中学校ですか。

〔　　　　　〕

(5)　下の図は，A中学校の相対度数の折れ線です。この図にB中学校の相対度数の折れ線をかきましょう。

(6)　A中学校とB中学校では，どちらのほうが記録がよいと考えられますか。理由も述べましょう。

〔　　　　　　　　　　　　　　　〕

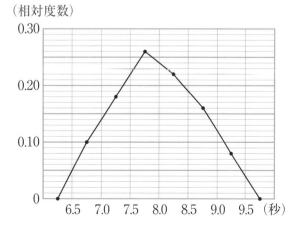

（相対度数）

中1数学をひとつひとつわかりやすく。 改訂版

本書は，個人の特性にかかわらず，内容が伝わりやすい配色・デザインに配慮し，
メディア・ユニバーサル・デザインの認証を受けました。

編集協力
（有）アズ
澤田裕子

カバーイラスト・シールイラスト
坂木浩子

本文イラスト
徳永明子
フクイサチヨ

ブックデザイン
山口秀昭（Studio Flavor）

メディア・ユニバーサル・デザイン監修
NPO法人メディア・ユニバーサル・デザイン協会　伊藤裕道

DTP
㈱四国写研

中1数学を
ひとつひとつわかりやすく。
［改訂版］

 軽くのりづけされているので，
外して使いましょう。

Gakken

01 0より大きい数・小さい数

6ページの答え

①＋　②＋4　③－　④－7　⑤－　⑥－8

7ページの答え

1 次の数を，正の符号，負の符号をつけて表しましょう。

(1) 0より25大きい数
0より大きい数だから，
＋の符号→＋25

(2) 0より16小さい数
0より小さい数だから，
－の符号→－16

(3) 0より3.5小さい数
小数のときも整数と
同じように考えて，
－の符号→－3.5

(4) 0より$\frac{5}{8}$大きい数
分数のときも整数と
同じように考えて，
＋の符号→＋$\frac{5}{8}$

2 次の問いに答えましょう。

(1) 地点Aから北へ4kmの地点を＋4kmと表すと，地点Aから南へ7kmの地点はどのように表せますか。
北を＋で表すと南は－で表せるから，南へ7km→－7km

(2) 2000円の利益を＋2000円と表すと，9000円の損失はどのように表せますか。
利益を＋で表すと損失は－で表せるから，9000円の損失→－9000円

(3) 「30kg重い」を「軽い」ということばを使って表しましょう。
重いを＋で表すと軽いは－で表せるから，30kg重い→－30kg軽い

(4) 「9℃低い」を「高い」ということばを使って表しましょう。
低いを＋で表すと高いは－で表せるから，9℃低い→－9℃高い

02 負の数の大小を比べよう

8ページの答え

① 数直線 −6 −5 0 +4 +5

②4　③4　④6　⑤6

⑥ 数直線 −7 −5 −3 0

⑦大きく　⑧左　⑨＞

9ページの答え

1 次の問いに答えましょう。

(1) 絶対値が8になる数を求めましょう。
原点0からの距離が8だから，＋8と－8

(2) 絶対値が3より小さい整数をすべて求めましょう。
原点0からの距離が3だから，＋3と－3
絶対値が3より小さい整数は，
－3と＋3の間にある整数だから，
－2，－1，0，＋1，＋2

絶対値が3より小さい数
−4 −3 −2 −1 0 +1 +2 +3 +4

2 次の各組の数の大小を，不等号を使って表しましょう。

(1) 5，−8
（正の数）＞（負の数）
5＞−8

(2) −9，−6
−9 −6 −5 0
上の数直線から，−9＜−6

(3) −0.9，−0.2，−1.3
−1.3 −0.9 −0.5 −0.2 0
上の数直線から，−1.3＜−0.9＜−0.2

03 負の数をふくむたし算

10ページの答え

①－　②3　③4　④−7　⑤−　⑥7＋9　⑦−16
⑧－　⑨5　⑩2　⑪−3　⑫＋　⑬8−3　⑭＋5(5)

11ページの答え

1 次の計算をしましょう。

(1) $(-4)+(-5)$
$=-(4+5)$
$=-9$

(2) $(+9)+(-6)$
$=+(9-6)$
$=+3$

(3) $(-7)+(+4)$
$=-(7-4)$
$=-3$

(4) $(-8)+(-12)$
$=-(8+12)$
$=-20$

(5) $(-15)+(-17)$
$=-(15+17)$
$=-32$

(6) $(-27)+(+19)$
$=-(27-19)$
$=-8$

(7) $0+(-6)$
$=-6$
0と正負の数の和は
その数のまま

(8) $(-13)+(+13)$
$=0$
絶対値が等しい異符号の
2つの数の和は0

(9) $(-0.7)+(-1.6)$
$=-(0.7+1.6)$
$=-2.3$

(10) $(-2.8)+(+3.5)$
$=+(3.5-2.8)$
$=+0.7$

(11) $\left(+\frac{2}{3}\right)+\left(-\frac{5}{6}\right)$ 通分
$=\left(+\frac{4}{6}\right)+\left(-\frac{5}{6}\right)$
$=-\left(\frac{5}{6}-\frac{4}{6}\right)=-\frac{1}{6}$

(12) $\left(-\frac{1}{2}\right)+\left(-\frac{4}{5}\right)$
$=\left(-\frac{5}{10}\right)+\left(-\frac{8}{10}\right)$
$=-\left(\frac{5}{10}+\frac{8}{10}\right)=-\frac{13}{10}$

04 負の数をふくむひき算

12ページの答え

①＋　②−6　③−4　④＋　⑤＋3　⑥−5

13ページの答え

1 次の計算をしましょう。

(1) $(+5)-(+8)$
$=(+5)+(-8)$
$=-(8-5)$
$=-3$

(2) $(+3)-(-4)$
$=(+3)+(+4)$
$=+(3+4)$
$=+7$

(3) $(-6)-(+9)$
$=(-6)+(-9)$
$=-(6+9)$
$=-15$

(4) $(-7)-(-2)$
$=(-7)+(+2)$
$=-(7-2)$
$=-5$

(5) $(-12)-0$
$=-12$

(6) $0-(-1)$
$=0+(+1)$
$=+1$

(7) $(-1.4)-(-0.8)$
$=(-1.4)+(+0.8)$
$=-(1.4-0.8)$
$=-0.6$

(8) $\left(-\frac{1}{3}\right)-\left(+\frac{3}{4}\right)$
$=\left(-\frac{1}{3}\right)+\left(-\frac{3}{4}\right)$
$=\left(-\frac{4}{12}\right)+\left(-\frac{9}{12}\right)$
$=-\left(\frac{4}{12}+\frac{9}{12}\right)$
$=-\frac{13}{12}$

14ページの答え

① −2　② +8　③ +3　④ +8　⑤ −7　⑥ −2
⑦ +6　⑧ −5　⑨ −9　⑩ −3　⑪ +8　⑫ −2
⑬ +11　⑭ −9　⑮ +2(2)

15ページの答え

1 次の計算をしましょう。

(1)　(+2)+(−5)−(−7)
　　=(+2)+(−5)+(+7)
　　=(+2)+(+7)+(−5)
　　=(+9)+(−5)
　　=+4

(2)　(+1)−(+3)+(−6)
　　=(+1)+(−3)+(−6)
　　=(+1)+(−9)
　　=−8

(3)　(+9)+(−8)−(+4)
　　=(+9)+(−8)+(−4)
　　=(+9)+(−12)
　　=−3

(4)　(−10)−(−17)−(+13)
　　=(−10)+(+17)+(−13)
　　=(+17)+(−10)+(−13)
　　=(+17)+(−23)
　　=−6

(5)　(+3)+(−7)−(+9)−(−6)
　　=(+3)+(−7)+(−9)+(+6)
　　=(+3)+(+6)+(−7)+(−9)
　　=(+9)+(−16)
　　=−7

(6)　(−5)−(+8)−(−12)−(+7)
　　=(−5)+(−8)+(+12)+(−7)
　　=(−5)+(−8)+(−7)+(+12)
　　=(−20)+(+12)
　　=−8

16ページの答え

① +5　② −9　③ 11　④ 13　⑤ −2　⑥ −19−16+17
⑦ 17　⑧ 16　⑨ 30　⑩ 35　⑪ −5

17ページの答え

1 次の計算をしましょう。

(1)　8−2−3
　　=8−5
　　=+3
　　=3

(2)　−4+7−9
　　=7−4−9
　　=7−13
　　=−6

(3)　5−6−8+7
　　=5+7−6−8
　　=12−14
　　=−2

(4)　−11+29−24+14
　　=−11−24+29+14
　　=−35+43
　　=+8
　　=8

(5)　−7−(−6)−4
　　=−7+6−4
　　=6−7−4
　　=6−11
　　=−5

(6)　−15−(−19)+11−(+18)
　　=−15+19+11−18
　　=−15−18+19+11
　　=−33+30
　　=−3

20ページの答え

① +　② 3　③ 5　④ +15(15)　⑤ +　⑥ 8×6
⑦ +48(48)　⑧ −　⑨ 2　⑩ 9　⑪ −18　⑫ −
⑬ 4×7　⑭ −28

22ページの答え

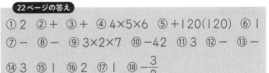

① 2　② +　③ +　④ 4×5×6　⑤ +120(120)　⑥ 1
⑦ −　⑧ −　⑨ 3×2×7　⑩ −42　⑪ 3　⑫ −　⑬ −
⑭ 3　⑮ 1　⑯ 2　⑰ 1　⑱ $-\dfrac{3}{2}$

21ページの答え

1 次の計算をしましょう。

(1)　(+2)×(+6)
　　=+(2×6)
　　=+12
　　=12

(2)　(−9)×(+4)
　　=−(9×4)
　　=−36

(3)　(+8)×(−3)
　　=−(8×3)
　　=−24

(4)　(−7)×(−5)
　　=+(7×5)
　　=+35
　　=35

(5)　6×(−3)
　　=−(6×3)
　　=−18

(6)　−8×7
　　=−(8×7)
　　=−56

(7)　−2.5×(−0.8)
　　=+(2.5×0.8)
　　=+2
　　=2

(8)　$\left(+\dfrac{3}{4}\right)×\left(-\dfrac{2}{5}\right)$
　　=$-\left(\dfrac{3}{4}×\dfrac{1}{\cancel{5}_{2}}\right)$←ここで約分
　　=$-\dfrac{3}{10}$

23ページの答え

1 次の計算をしましょう。

(1)　(−2)×(−4)×(+9)
　　=+(2×4×9)
　　=+72
　　=72

(2)　(+5)×(+6)×(−3)
　　=−(5×6×3)
　　=−90

(3)　(−3)×(−7)×(−4)
　　=−(3×7×4)
　　=−84

(4)　8×(−2)×(−6)
　　=+(8×2×6)
　　=+96
　　=96

(5)　5×(−0.4)×7
　　=−(5×0.4×7)
　　=−14

(6)　1.5×(−10)×(−0.8)
　　=+(1.5×10×0.8)
　　=+12
　　=12

(7)　(−4)×$\left(+\dfrac{5}{8}\right)$×(−6)
　　=$+\left(\cancel{4}^{1}×\dfrac{5}{\cancel{8}}×\cancel{6}^{3}\right)$←ここで約分
　　　　　　　　　　　₂ ₁
　　=+15
　　=15

(8)　$\left(-\dfrac{1}{6}\right)$×(−18)×$\left(-\dfrac{5}{3}\right)$
　　=$-\left(\dfrac{1}{\cancel{6}}×\cancel{18}^{3}×\dfrac{5}{\cancel{3}}\right)$←ここで約分
　　　　　　₁　　₁
　　=−5

09 累乗の計算

本文 24・25 ページ

24ページの答え

① 5^2 ② 2乗 ③ $(-2)^4$ ④ -2の4乗 ⑤ 3 ⑥ 216
⑦ 5 ⑧ $(-2)×(-2)×(-2)×(-2)$ ⑨ -32 ⑩ 4
⑪ $-$ ⑫ $3×3×3×3$ ⑬ -81

25ページの答え

1 次の計算をしましょう。

(1) 7^2
$=7×7$
$=49$

(2) 3^4
$=3×3×3×3$
$=81$

(3) $(-3)^2$
$=(-3)×(-3)$
$=+(3×3)$
$=9$

(4) $(-5)^3$
$=(-5)×(-5)×(-5)$
$=-(5×5×5)$
$=-125$

(5) -2^4
$=-(2×2×2×2)$
$=-16$

(6) -4^3
$=-(4×4×4)$
$=-64$

(7) $\left(\dfrac{1}{6}\right)^2$
$=\dfrac{1}{6}×\dfrac{1}{6}$
$=\dfrac{1}{36}$

(8) $\left(-\dfrac{2}{3}\right)^3$
$=\left(-\dfrac{2}{3}\right)×\left(-\dfrac{2}{3}\right)×\left(-\dfrac{2}{3}\right)$
$=-\left(\dfrac{2}{3}×\dfrac{2}{3}×\dfrac{2}{3}\right)$
$=-\dfrac{8}{27}$

10 負の数をふくむわり算

本文 26・27 ページ

26ページの答え

① $+$ ② $-$ ③ $-$ ④ $+$ ⑤ 正($+$) ⑥ $+$ ⑦ 18
⑧ 3 ⑨ $+6(6)$ ⑩ 負($-$) ⑪ $-$ ⑫ $20÷4$ ⑬ -5
⑭ 5 ⑮ 9 ⑯ $-\dfrac{5}{9}$

27ページの答え

1 次の計算をしましょう。

(1) $(+40)÷(+5)$
$=+(40÷5)$
$=+8$
$=8$

(2) $(+28)÷(-7)$
$=-(28÷7)$
$=-4$

(3) $(-42)÷(-6)$
$=+(42÷6)$
$=+7$
$=7$

(4) $(-45)÷(+9)$
$=-(45÷9)$
$=-5$

(5) $12÷(-18)$
$=-(12÷18)$
$=-\dfrac{\overset{2}{12}}{\underset{3}{18}}=-\dfrac{2}{3}$

(6) $-20÷(-35)$
$=+(20÷35)$
$=+\dfrac{\overset{4}{20}}{\underset{7}{35}}=+\dfrac{4}{7}=\dfrac{4}{7}$

(7) $(-1.8)÷(-0.2)$
$=+(1.8÷0.2)$
$=+(18÷2)←\!\!\!\lfloor$
$=+9$ $(1.8×10)÷(0.2×10)$
$=9$

(8) $7÷(-0.5)$
$=-(7÷0.5)$
$=-(70÷5)←(7×10)÷(0.5×10)$
$=-14$

11 分数をふくむ正負の数のわり算

本文 28・29 ページ

28ページの答え

① $\dfrac{3}{2}$ ② $\dfrac{3}{2}$ ③ $-\dfrac{4}{7}$ ④ $-\dfrac{4}{7}$ ⑤ 逆数 ⑥ $×$ ⑦ $-\dfrac{4}{3}$
⑧ $\dfrac{5}{8}×\dfrac{4}{3}$ ⑨ $-\dfrac{5}{6}$ ⑩ $×$ ⑪ $-\dfrac{1}{6}$ ⑫ $\dfrac{4}{9}×\dfrac{1}{6}$ ⑬ $\dfrac{2}{27}$

29ページの答え

1 次の計算をしましょう。

(1) $\left(-\dfrac{2}{3}\right)÷\dfrac{1}{4}$
$=\left(-\dfrac{2}{3}\right)×\dfrac{4}{1}$
$=-\left(\dfrac{2}{3}×\dfrac{4}{1}\right)$
$=-\dfrac{8}{3}$

(2) $\left(-\dfrac{4}{9}\right)÷\left(-\dfrac{5}{6}\right)$
$=\left(-\dfrac{4}{9}\right)×\left(-\dfrac{6}{5}\right)$
$=+\left(\dfrac{4}{9}×\dfrac{\overset{2}{6}}{5}\right)=\dfrac{8}{15}$

(3) $\dfrac{8}{15}÷\left(-\dfrac{4}{5}\right)$
$=\dfrac{8}{15}×\left(-\dfrac{5}{4}\right)$
$=-\left(\dfrac{\overset{2}{8}}{\underset{3}{15}}×\dfrac{\overset{1}{5}}{\underset{1}{4}}\right)=-\dfrac{2}{3}$

(4) $-\dfrac{9}{20}÷\dfrac{3}{8}$
$=-\dfrac{9}{20}×\dfrac{8}{3}$
$=-\left(\dfrac{\overset{3}{9}}{\underset{5}{20}}×\dfrac{\overset{2}{8}}{\underset{1}{3}}\right)=-\dfrac{6}{5}$

(5) $\dfrac{3}{5}÷(-9)$
$=\dfrac{3}{5}×\left(-\dfrac{1}{9}\right)$
$=-\left(\dfrac{\overset{1}{3}}{5}×\dfrac{1}{\underset{3}{9}}\right)=-\dfrac{1}{15}$

(6) $-28÷\left(-\dfrac{8}{7}\right)$
$=-28×\left(-\dfrac{7}{8}\right)$
$=+\left(\dfrac{\overset{7}{28}}{1}×\dfrac{7}{\underset{2}{8}}\right)=\dfrac{49}{2}$

12 かけ算とわり算の混じった計算

本文 30・31 ページ

30ページの答え

① $-\dfrac{1}{12}$ ② $+$ ③ $20×9×\dfrac{1}{12}$ ④ 15 ⑤ $-\dfrac{8}{7}$
⑥ $-$ ⑦ $\dfrac{3}{4}×\dfrac{8}{7}×\dfrac{5}{6}$ ⑧ $-\dfrac{5}{7}$ ⑨ $-\dfrac{1}{9}$ ⑩ $-\dfrac{15}{4}$
⑪ $+$ ⑫ $\dfrac{8}{7}×\dfrac{1}{9}×\dfrac{15}{4}$ ⑬ $\dfrac{10}{21}$

31ページの答え

1 次の計算をしましょう。

(1) $6÷(-14)×7$
$=6×\left(-\dfrac{1}{14}\right)×7$
$=-\left(\overset{3}{6}×\dfrac{1}{\underset{21}{14}}×\overset{1}{7}\right)$
$=-3$

(2) $(-30)÷(-8)÷(-9)$
$=(-30)×\left(-\dfrac{1}{8}\right)×\left(-\dfrac{1}{9}\right)$
$=-\left(\dfrac{\overset{15}{30}}{\underset{4}{ }}×\dfrac{\overset{5}{ }}{8}×\dfrac{1}{\underset{3}{9}}\right)$
$=-\dfrac{5}{12}$

(3) $\left(-\dfrac{1}{6}\right)×4÷\left(-\dfrac{8}{9}\right)$
$=\left(-\dfrac{1}{6}\right)×4×\left(-\dfrac{9}{8}\right)$
$=+\left(\dfrac{1}{\underset{2}{6}}×\overset{1}{4}×\dfrac{\overset{3}{9}}{\underset{2}{8}}\right)$
$=\dfrac{3}{4}$

(4) $15÷\dfrac{4}{5}×\left(-\dfrac{8}{3}\right)$
$=15×\dfrac{5}{4}×\left(-\dfrac{8}{3}\right)$
$=-\left(\dfrac{\overset{5}{15}}{1}×\dfrac{5}{4}×\dfrac{\overset{8}{ }}{\underset{1}{3}}\right)$
$=-50$

(5) $\dfrac{2}{5}×\left(-\dfrac{1}{3}\right)÷\left(-\dfrac{4}{9}\right)$
$=\dfrac{2}{5}×\left(-\dfrac{1}{3}\right)×\left(-\dfrac{9}{4}\right)$
$=+\left(\dfrac{\overset{1}{2}}{5}×\dfrac{1}{\underset{1}{3}}×\dfrac{\overset{3}{9}}{\underset{2}{4}}\right)=\dfrac{3}{10}$

(6) $\left(-\dfrac{9}{10}\right)÷\left(-\dfrac{3}{7}\right)÷\left(-\dfrac{7}{5}\right)$
$=\left(-\dfrac{9}{10}\right)×\left(-\dfrac{7}{3}\right)×\left(-\dfrac{5}{7}\right)$
$=-\left(\dfrac{\overset{3}{9}}{\underset{2}{10}}×\dfrac{\overset{1}{7}}{\underset{1}{3}}×\dfrac{\overset{1}{5}}{\underset{1}{7}}\right)=-\dfrac{3}{2}$

13 いろいろな計算

本文 32・33 ページ

32ページの答え

①−18　②+2(2)　③−16　④−8　⑤+9(9)
⑥−72　⑦9　⑧−1　⑨−5

33ページの答え

1 次の計算をしましょう。

(1) $7+8×(−3)$　乗法を計算
　$=7+(−24)$
　$=−17$

(2) $4−12÷2−3$　除法を計算
　$=4−6−3$
　$=4−9$
　$=−5$

(3) $(−7)×2−5×(−4)$
　$=(−14)−(−20)$
　$=(−14)+(+20)$
　$=6$

(4) $30÷5+(−24)÷3$
　$=6+(−8)$
　$=−2$

(5) $4×(−5)^2$　累乗を計算
　$=4×25$
　$=100$

(6) $(−6)^2÷(−3^3)$
　$=36÷(−27)$
　$=−\dfrac{36}{27}=−\dfrac{4}{3}$

(7) $28÷(2−9)$　かっこの中を計算
　$=28÷(−7)$
　$=−4$

(8) $(−6)×(9−5×2)$
　$=(−6)×(9−10)$
　$=(−6)×(−1)$
　$=6$

(9) $6−(−3)×6−(−5)^2$
　$=6−(−18)−(+25)$
　$=6+18−25$
　$=24−25$
　$=−1$

(10) $8−(5−3^2)×(−2)$
　$=8−(5−9)×(−2)$
　$=8−(−4)×(−2)$
　$=8−(+8)$
　$=8−8=0$

14 素因数分解とは？

本文 34・35 ページ

34ページの答え

①7　②11　③13　④17　⑤19　⑥63　⑦3
⑧21　⑨3　⑩7　⑪2　⑫3　⑬7

35ページの答え

1 □にあてはまる数を書いて，次の数を素因数分解しましょう。

(1)
```
2 ) 4 2
3 ) 21
    7
```
$42=\boxed{2}×\boxed{3}×\boxed{7}$

(2)
```
2 ) 2 0 0
2 ) 100
2 )  50
5 )  25
     5
```
$200=\boxed{2}^{\boxed{3}}×\boxed{5}^{\boxed{2}}$

2 次の数を素因数分解しましょう。

(1) 36
```
2 ) 3 6
2 ) 1 8
3 )  9
     3
```
$36=2^2×3^2$

(2) 875
```
5 ) 8 7 5
5 ) 1 7 5
5 )  3 5
      7
```
$875=5^3×7$

15 文字式とは？

本文 38・39 ページ

38ページの答え

①$150×x$　②$a÷6$　③$10×a$　④$25×b$
⑤$10×a+25×b$　⑥$x×3$　⑦$a−x×3$

39ページの答え

1 次の数量を文字式で表しましょう。

(1) 1個agのボール12個を50gのかごに入れたときの全体の重さ
ボール12個の重さは，1個の重さ×個数→$a×12$(g)
全体の重さは，ボールの重さ+かごの重さ→$a×12+50$(g)

(2) 周の長さ$b$cmの正方形の1辺の長さ
正方形の1辺の長さは，周の長さ÷4→$b÷4$(cm)

(3) 1冊200円のノートをx冊買って，1000円出したときのおつり
ノートx冊の代金は，1冊の値段×冊数→$200×x$(円)
おつりは，出した金額−ノートの代金→$1000−200×x$(円)

2 次の数量を文字式で表しましょう。

(1) 1個60円のみかんをx個，1個180円のりんごをy個買ったときの代金の合計
みかんの代金は，1個の値段×個数→$60×x$(円)
りんごの代金は，1個の値段×個数→$180×y$(円)
代金の合計は，みかんの代金+りんごの代金→$60×x+180×y$(円)

(2) 長さ200cmのリボンから，長さ$a$cmのリボンをb本切り取ったときの残りの長さ
切り取ったリボンの長さは，1本の長さ×本数→$a×b$(cm)
残りの長さは，全体の長さ−切り取ったリボンの長さ→$200−a×b$(cm)

16 文字式で表してみよう①

本文 40・41 ページ

40ページの答え

①$−4ab$　②x^3y^2　③m　④$−xy$

41ページの答え

1 次の式を，文字式の表し方にしたがって表しましょう。

(1) $x×a$
　$=ax$

(2) $y×x×5$
　$=5xy$

(3) $x×x×(−7)×x$
　$=−7x^3$

(4) $b×a×b×b×a$
　$=a^2b^3$

(5) $n×m×n×n×(−5)$
　$=−5mn^3$

(6) $y×x×1×x$
　$=x^2y$
　$1x^2y$と表してはいけない。

(7) $b×(−1)×a$
　$=−ab$
　$−1ab$と表してはいけない。

(8) $y×0.1×z$
　$=0.1yz$
　0.1の1は，はぶけないので，$0.yz$と表すことはできない。

(9) $a×4−9$
　$=4a−9$
　記号−は，はぶけない。

(10) $m×(−6)+2×n$
　$=−6m+2n$
　記号+は，はぶけない。

17 文字式で表してみよう②

42ページの答え

① $\dfrac{a}{7}$　② $-\dfrac{9}{m}$　③ $\dfrac{x}{3}$　④ $\dfrac{xy}{3}$

43ページの答え

1 次の式を，文字式の表し方にしたがって表しましょう。

(1) $y \div 4$
$= \dfrac{y}{4}$

(2) $(-6) \div a$
$= \dfrac{-6}{a} = -\dfrac{6}{a}$

(3) $2x \div 5$　2xをひとまとまり
$= \dfrac{2x}{5}$　←　にして分子に

(4) $8m \div (-3)$
$= \dfrac{8m}{-3} = -\dfrac{8m}{3}$

(5) $(a+1) \div 2$　a+1を
$= \dfrac{a+1}{2}$　←　ひとまとまりに
　　　　　して分子に

(6) $(x-y) \div (-7)$
$= \dfrac{x-y}{-7} = -\dfrac{x-y}{7}$

(7) $a \times b \div 3$
$= ab \div 3 = \dfrac{ab}{3}$
左から順に×，÷をはぶく。

(8) $x \div y \div (-5)$
$= \dfrac{x}{y} \div (-5) = \dfrac{x}{-5y} = -\dfrac{x}{5y}$
〈別の解き方〉
$= x \times \dfrac{1}{y} \times \left(-\dfrac{1}{5}\right) = -\dfrac{x}{5y}$

---

18 文字に数をあてはめよう

44ページの答え

① $3 \times x - 7$　② 5　③ 15　④ 8　⑤ (-2)　⑥ -6
⑦ -13　⑧ (-3)　⑨ -3　⑩ -3　⑪ 36　⑫ (-3)
⑬ -3　⑭ -3　⑮ -9

45ページの答え

1 $x=3$ のとき，次の式の値を求めましょう。

(1) $2x+4$
$= 2 \times x + 4$
$= 2 \times 3 + 4$
$= 6 + 4$
$= 10$

(2) $9-6x$
$= 9 - 6 \times x$
$= 9 - 6 \times 3$　乗法を計算
$= 9 - 18$　減法を計算
$= -9$

2 $x=-4$ のとき，次の式の値を求めましょう。

(1) $3x-2$
$= 3 \times x - 2$
$= 3 \times (-4) - 2$
$= -12 - 2$
$= -14$

(2) $8+7x$
$= 8 + 7 \times x$
$= 8 + 7 \times (-4)$　乗法を計算
$= 8 + (-28)$　加法を計算
$= -20$

3 $x=-2$ のとき，次の式の値を求めましょう。

(1) $6x^2$
$= 6 \times x^2$
$= 6 \times (-2) \times (-2)$
$= 24$

(2) $(-x)^3$
$= \{-(-2)\}^3$
$= (+2)^3$
$= 2 \times 2 \times 2$
$= 8$

---

19 同じ文字をまとめよう

46ページの答え

① 3　② 4　③ $7a$　④ $2-5$　⑤ $-3x$　⑥ $9y-4y$
⑦ $9-4$　⑧ $5y+8$

47ページの答え

1 次の計算をしましょう。

(1) $2x+7x$
$= (2+7)x$
$= 9x$

(2) $-8b+5b$
$= (-8+5)b$
$= -3b$

(3) $4a-3a$
$= (4-3)a$
$= a$

(4) $6y-y$
$= (6-1)y$　←$-y$の係数は-1
$= 5y$

(5) $5x+8+x-3$
$= 5x+x+8-3$
$= (5+1)x+8-3$　←xの係数は1
$= 6x+5$

(6) $3a-2-6a+8$
$= 3a-6a-2+8$
$= (3-6)a-2+8$
$= -3a+6$

(7) $7y-4-5-3y$
$= 7y-3y-4-5$
$= (7-3)y-4-5$
$= 4y-9$

(8) $-3+m+4-9m$
$= m-9m-3+4$
$= (1-9)m-3+4$
$= -8m+1$

---

20 文字式のたし算とひき算

48ページの答え

① $+3x-4$　② $2x+3x$　③ $+7-4$　④ $5x+3$
⑤ $-2a+4$　⑥ $5a-2a$　⑦ $-6+4$　⑧ $3a-2$

49ページの答え

1 次の計算をしましょう。

(1) $3x+(x-5)$
$= 3x+x-5$
$= 4x-5$

(2) $a+(4-7a)$
$= a+4-7a$
$= -6a+4$

(3) $2b-(3b-1)$
$= 2b-3b+1$　←符号が変わる
$= -b+1$

(4) $4y-(5-8y)$
$= 4y-5+8y$　←符号が変わる
$= 12y-5$

(5) $(7a-6)+(2a-9)$
$= 7a-6+2a-9$
$= 9a-15$

(6) $(6y-5)+(7-8y)$
$= 6y-5+7-8y$
$= -2y+2$

(7) $(9m+4)-(5m-3)$
$= 9m+4-5m+3$　←符号が変わる
$= 4m+7$

(8) $(3-7x)-(2x+5)$
$= 3-7x-2x-5$　←符号が変わる
$= -9x-2$

21 文字式のかけ算とわり算

本文 50・51 ページ

50ページの答え

① $2×3$　② $6a$　③ $8×(-5)$　④ $-40x$　⑤ $30m$

⑥ 6　⑦ $5m$　⑧ $×$　⑨ $-\dfrac{4}{3}$　⑩ $24×\left(-\dfrac{4}{3}\right)$　⑪ $-32y$

51ページの答え

1 次の計算をしましょう。

(1) $3x×4$
$=3×x×4$
$=3×4×x=12x$

(2) $7a×(-5)$
$=7×a×(-5)$
$=7×(-5)×a=-35a$

(3) $(-2y)×(-9)$
$=(-2)×y×(-9)$
$=(-2)×(-9)×y=18y$

(4) $-6b×3$
$=-6×b×3$
$=-6×3×b=-18b$

(5) $(-8m)×\dfrac{1}{4}$
$=(-8)×m×\dfrac{1}{4}$
$=(-8)×\dfrac{1}{4}×m=-2m$

(6) $\left(-\dfrac{2}{5}x\right)×(-10)$
$=\left(-\dfrac{2}{5}\right)×x×(-10)$
$=\left(-\dfrac{2}{5}\right)×(-10)×x=4x$

2 次の計算をしましょう。

(1) $18a÷6$
$=\dfrac{18a}{6}=3a$

(2) $(-12y)÷3$
$=\dfrac{-12y}{3}=-\dfrac{12y}{3}=-4y$

(3) $36x÷(-4)$
$=\dfrac{36x}{-4}=-\dfrac{36x}{4}=-9x$

(4) $(-40b)÷(-8)$
$=\dfrac{-40b}{-8}=\dfrac{40b}{8}=5b$

(5) $(-18a)÷\dfrac{2}{3}$
$=(-18a)×\dfrac{3}{2}$
$=(-18)×\dfrac{3}{2}×a=-27a$

(6) $-20m÷\left(-\dfrac{5}{8}\right)$
$=-20m×\left(-\dfrac{8}{5}\right)$
$=-20×\left(-\dfrac{8}{5}\right)×m=32m$

22 文字式のかっこのはずし方

本文 52・53 ページ

52ページの答え

① $2a$　② 5　③ $6a+15$　④ $-\dfrac{1}{4}$　⑤ $-\dfrac{1}{4}$　⑥ $-\dfrac{1}{4}$

⑦ $-2a+5$　⑧ 3　⑨ 1　⑩ 3　⑪ $9x+15$

53ページの答え

1 次の計算をしましょう。

(1) $6(x-2)$
$=6×x+6×(-2)$
$=6x-12$

(2) $-4(5a-7)$
$=-4×5a+(-4)×(-7)$
$=-20a+28$

(3) $(15y-9)÷3$
$=(15y-9)×\dfrac{1}{3}$
$=15y×\dfrac{1}{3}-9×\dfrac{1}{3}$
$=5y-3$

(4) $(45x-30)÷(-5)$
$=(45x-30)×\left(-\dfrac{1}{5}\right)$
$=45x×\left(-\dfrac{1}{5}\right)-30×\left(-\dfrac{1}{5}\right)$
$=-9x+6$

(5) $\dfrac{2x+9}{3}×(-6)$
$=\dfrac{(2x+9)×(-6)}{3}$
$=(2x+9)×(-2)$
$=2x×(-2)+9×(-2)=-4x-18$

(6) $20×\dfrac{3x-7}{8}$
$=\dfrac{20×(3x-7)}{8}=\dfrac{5×(3x-7)}{2}$
$=\dfrac{5×3x+5×(-7)}{2}=\dfrac{15x-35}{2}$

(7) $2(3a-4)+3(a+2)$
$=2×3a+2×(-4)+3×a+3×2$
$=6a-8+3a+6$
$=9a-2$

(8) $4(5x-2)-7(3x-1)$
$=4×5x+4×(-2)+(-7)×3x-7×(-1)$
$=20x-8-21x+7$
$=-x-1$

23 等式や不等式で表す

本文 54・55 ページ

54ページの答え

① a　② $6b$　③ 3　④ $a=6b+3$　⑤ $≦$　⑥ $50a$

⑦ $100b$　⑧ $≦$　⑨ $50a+100b≦2000$

55ページの答え

1 次の数量の関係を等式で表しましょう。

(1) 200ページの本を、1日30ページずつa日間読んだら、残りのページ数がbページでした。
　　全体のページ数 － 読んだページ数 ＝ 残りのページ数
　　　200　　　－　　　$30×a$　　＝　　　b
　　これより、等式は、$200-30a=b$

(2) 家から1500m離れた図書館まで、はじめは分速120mでx分間走り、その後、分速60mでy分間歩いて、ちょうど図書館に着きました。
　　走った道のり＋歩いた道のり＝家から図書館までの道のり
　　　$120×x$　＋　$60×y$　＝　　　1500←道のり＝速さ×時間
　　これより、等式は、$120x+60y=1500$

2 次の数量の関係を不等式で表しましょう。

(1) 1本150円のお茶をx本買ったときの代金は、1本200円のジュースをy本買ったときの代金よりも高い。
　　お茶x本の代金 ＞ ジュースy本の代金
　　　$150×x$　＞　　　$200×y$
　　これより、不等式は、$150x>200y$

(2) 60L入る空の水そうに、1分間にaLの割合で水を入れると、水そうがいっぱいになるまでにかかった時間はb分以下でした。
　　水そうがいっぱいになるまでにかかった時間 ≦ b
　　　　$60÷a$　　　　　　　　$≦b$
　　これより、不等式は、$\dfrac{60}{a}≦b$

24 方程式とは？

本文 58・59 ページ

58ページの答え

① 1　② 3　③ 1　④ 1　⑤ 5　⑥ 4　⑦ 7　⑧ 7

⑨ 3　⑩ 3

59ページの答え

1 -1，0，1のうち，方程式$3x+4=9-2x$の解はどれですか。

文字xに-1，0，1をそれぞれ代入して計算し，左辺の値と右辺の値を比べます。

$x=-1$を代入すると，$\begin{cases}3×(-1)+4=-3+4=1\\9-2×(-1)=9+2=11\end{cases}$

$x=0$を代入すると，$\begin{cases}3×0+4=0+4=4\\9-2×0=9-0=9\end{cases}$

$x=1$を代入すると，$\begin{cases}3×1+4=3+4=7\\9-2×1=9-2=7\end{cases}$

（左辺）＝（右辺）になるのは，$x=1$のときだから，方程式の解は1

2 次の方程式のうち，解が-3であるものをすべて選び，記号で答えましょう。

㋐ $-3x+8=-1$　　㋑ $4x-9=7x$　　㋒ $2x-3=5x+6$

それぞれの方程式の文字xに-3を代入して，左辺の値と右辺の値を比べます。

㋐…$\begin{cases}左辺=-3×(-3)+8=9+8=17\\右辺=-1\end{cases}$ 等しくない

㋑…$\begin{cases}左辺=4×(-3)-9=-12-9=-21\\右辺=7×(-3)=-21\end{cases}$ 等しい

㋒…$\begin{cases}左辺=2×(-3)-3=-6-3=-9\\右辺=5×(-3)+6=-15+6=-9\end{cases}$ 等しい

（左辺）＝（右辺）になるのは㋑，㋒だから，解が-3であるものは，㋑，㋒

25 等式の性質を使って

60ページの答え

①+3 ②+3 ③8 ④÷4 ⑤÷4 ⑥−3
⑦×(−2) ⑧×(−2) ⑨−12

61ページの答え

1 次の□にあてはまる数を書きましょう。

(1) 方程式 $x+5=3$ を，等式の性質を使って解くと，

両辺から $\boxed{5}$ をひいて，$x+5-\boxed{5}=3-\boxed{5}$，$x=\boxed{-2}$

(2) 方程式 $\frac{x}{2}=6$ を，等式の性質を使って解くと，

両辺に $\boxed{2}$ をかけて，$\frac{x}{2}\times\boxed{2}=6\times\boxed{2}$，$x=\boxed{12}$

2 次の方程式を，等式の性質を使って解きましょう。

(1) $x+9=4$
両辺から9をひいて，
$x+9-9=4-9$
$x=-5$

(2) $x-8=-7$
両辺に8をたして，
$x-8+8=-7+8$
$x=1$

(3) $\frac{x}{5}=-2$
両辺に5をかけて，
$\frac{x}{5}\times5=-2\times5$
$x=-10$

(4) $-3x=-21$
両辺を−3でわって，
$-3x\div(-3)=-21\div(-3)$
$x=7$
〈別の解き方〉
両辺に $-\frac{1}{3}$ をかけて，
$-3x\times\left(-\frac{1}{3}\right)=-21\times\left(-\frac{1}{3}\right)$
$x=7$

26 方程式を解いてみよう①

62ページの答え

①−4 ②+4 ③7 ④9x ⑤−9x ⑥−4x ⑦−6

63ページの答え

1 次の方程式を解きましょう。

(1) $x+6=2$
$x=2-6$
$x=-4$

(2) $7x-3=11$
$7x=11+3$
$7x=14$
$x=2$

(3) $6+4x=2$
$4x=2-6$
$4x=-4$
$x=-1$

(4) $9-5x=-6$
$-5x=-6-9$
$-5x=-15$
$x=3$

(5) $2x=3x-9$
$2x-3x=-9$
$-x=-9$
$x=9$

(6) $7x=4x-21$
$7x-4x=-21$
$3x=-21$
$x=-7$

(7) $-4x=2x+12$
$-4x-2x=12$
$-6x=12$
$x=-2$

(8) $3x=40-5x$
$3x+5x=40$
$8x=40$
$x=5$

27 方程式を解いてみよう②

64ページの答え

①−4 ②3x ③−3x ④+4 ⑤4 ⑥12 ⑦3
⑧3 ⑨x ⑩−x ⑪−3 ⑫−6 ⑬−12 ⑭2

65ページの答え

1 次の方程式を解きましょう。

(1) $2x-5=3x-1$
$2x-3x=-1+5$
$-x=4$
$x=-4$

(2) $6x-5=4x+9$
$6x-4x=9+5$
$2x=14$
$x=7$

(3) $5x+2=x-6$
$5x-x=-6-2$
$4x=-8$
$x=-2$

(4) $2x-7=5x+8$
$2x-5x=8+7$
$-3x=15$
$x=-5$

(5) $x-2=8x-9$
$x-8x=-9+2$
$-7x=-7$
$x=1$

(6) $3x-7=9-5x$
$3x+5x=9+7$
$8x=16$
$x=2$

(7) $15-7x=45-2x$
$-7x+2x=45-15$
$-5x=30$
$x=-6$

(8) $6x+90=-30-9x$
$6x+9x=-30-90$
$15x=-120$
$x=-8$

(9) $4x-7=x-5$
$4x-x=-5+7$
$3x=2$
$x=\frac{2}{3}$

(10) $3-2x=5x+9$
$-2x-5x=9-3$
$-7x=6$
$x=-\frac{6}{7}$

28 いろいろな方程式の解き方

66ページの答え

①8x+24 ②3 ③−6 ④4 ⑤4 ⑥2x−8
⑦8 ⑧10 ⑨10 ⑩5x−20 ⑪−32 ⑫8

67ページの答え

1 次の方程式を解きましょう。

(1) $3(x+5)=x+7$
$3x+15=x+7$
$3x-x=7-15$
$2x=-8$
$x=-4$

(2) $7x-2=2(5x-4)$
$7x-2=10x-8$
$7x-10x=-8+2$
$-3x=-6$
$x=2$

(3) $3(2x-1)=5(6-x)$
$6x-3=30-5x$
$6x+5x=30+3$
$11x=33$
$x=3$

(4) $\frac{1}{5}x-3=\frac{1}{2}x$
$\left(\frac{1}{5}x-3\right)\times10=\frac{1}{2}x\times10$
$2x-30=5x$
$2x-5x=30$
$-3x=30, \ x=-10$

(5) $\frac{1}{4}x+5=\frac{2}{3}x-5$
$\left(\frac{1}{4}x+5\right)\times12=\left(\frac{2}{3}x-5\right)\times12$
$3x+60=8x-60$
$3x-8x=-60-60$
$-5x=-120$
$x=24$

(6) $\frac{x+2}{3}=\frac{x-1}{2}$
$\frac{x+2}{3}\times6=\frac{x-1}{2}\times6$
$2(x+2)=3(x-1)$
$2x+4=3x-3$
$2x-3x=-3-4$
$-x=-7, \ x=7$

(7) $0.7x+0.5=0.4x-1.3$
$(0.7x+0.5)\times10=(0.4x-1.3)\times10$
$7x+5=4x-13$
$7x-4x=-13-5$
$3x=-18$
$x=-6$

(8) $5.6-x=0.6x-2.4$
$(5.6-x)\times10=(0.6x-2.4)\times10$
$56-10x=6x-24$
$-10x-6x=-24-56$
$-16x=-80$
$x=5$

68ページの答え

① 9 ② 45 ③ 5 ④ 70 ⑤ 10 ⑥ 7 ⑦ 9 ⑧ 6
⑨ $6x+12$ ⑩ 3 ⑪ 12 ⑫ 4

69ページの答え

1 次の比例式を解きましょう。

(1) $x:12=1:3$
$x\times 3=12\times 1$
$3x=12$
$x=4$

(2) $20:x=5:2$
$20\times 2=x\times 5$
$40=5x$
$x=8$

(3) $8:14=4:x$
$8\times x=14\times 4$
$8x=56$
$x=7$

(4) $10:12=x:18$
$10\times 18=12\times x$
$180=12x$
$x=15$

(5) $x:3=\dfrac{1}{2}:\dfrac{3}{4}$
$x\times\dfrac{3}{4}=3\times\dfrac{1}{2}$
$\dfrac{3}{4}x=\dfrac{3}{2}$
$x=2$

(6) $\dfrac{3}{2}:\dfrac{2}{3}=x:4$
$\dfrac{3}{2}\times 4=\dfrac{2}{3}\times x$
$6=\dfrac{2}{3}x$
$x=9$

(7) $8:x=12:(x+1)$
$8\times(x+1)=x\times 12$
$8x+8=12x$
$-4x=-8$
$x=2$

(8) $(x-3):5=(x+3):15$
$(x-3)\times 15=5\times(x+3)$
$15x-45=5x+15$
$10x=60$
$x=6$

70ページの答え

① おつり ② $50x$ ③ 100 ④ $-50x-500$
⑤ 100 ⑥ -50 ⑦ -400 ⑧ 8 ⑨ 8

71ページの答え

1 1個180円のプリンと1個300円のシュークリームを合わせて10個買ったら、代金の合計は2280円でした。プリンを何個買いましたか。

プリンをx個買ったとすると、シュークリームは$(10-x)$個買ったことになるから、$180x+300(10-x)=2280$
これを解くと、$180x+3000-300x=2280$, $-120x=-720$, $x=6$
プリンの個数は自然数だから、この解は問題にあっている。
したがって、プリンの個数は6個。

2 何人かの子どもにみかんを配ります。1人に4個ずつ配ると20個余り、6個ずつ配ると10個たりません。次の問いに答えましょう。

(1) x人の子どもに4個ずつ配ったときのみかんの個数をxを使って表しましょう。
1人に4個ずつ配ると20個余るから、$4x+20$(個)

(2) 子どもの人数とみかんの個数を求めましょう。
1人に6個ずつ配ると10個たりないから、$6x-10$(個)
よって、$4x+20=6x-10$ これを解くと、$x=15$
よって、みかんの個数は、$4\times 15+20=80$(個)
子どもの人数とみかんの個数は自然数だから、この解は問題にあっている。したがって、子どもの人数は15人、みかんの個数は80個。

74ページの答え

① 関数です ② 関数ではありません ③ 2 ④ 3
⑤ 4 ⑥ 4 ⑦ 4

75ページの答え

1 次の数量の関係について、yをxの式で表し、yがxに比例するものには○を、比例しないものには×を書きましょう。

(1) 1冊200円のノートをx冊と50円の消しゴムを1個買ったときの代金の合計をy円とします。
まず、ことばの式で表してから文字式にします。
$y=ax$の形の式で表せれば、yはxに比例します。
代金の合計＝ノートの代金＋消しゴムの代金
…$y=200x+50$ ×

(2) 空の水そうに、毎分8Lの割合でx分間水を入れたときの、水そうの中の水の量をyLとします。
水そうの中の水の量＝1分間に入れる水の量×時間
…$y=8x$ ○

(3) 12kmの道のりを、時速$x$kmで進んだときにかかる時間をy時間とします。
時間＝道のり÷速さ…$y=\dfrac{12}{x}$ ×

(4) 1辺が$x$cmの正三角形の周の長さを$y$cmとします。
正三角形の周の長さ＝1辺の長さ×3…$y=3x$ ○

76ページの答え

① 15 ② 3 ③ 5 ④ $5x$ ⑤ -4 ⑥ 8 ⑦ $-\dfrac{1}{2}$
⑧ $-\dfrac{1}{2}x$ ⑨ $-\dfrac{1}{2}$ ⑩ 3

77ページの答え

1 次の問いに答えましょう。

(1) yはxに比例し、$x=2$のとき$y=-6$です。yをxの式で表しましょう。
yはxに比例するから、比例定数をaとすると、$y=ax$とおける。
$x=2$のとき$y=-6$だから、$-6=a\times 2$, $a=-3$
したがって、式は、$y=-3x$

(2) yはxに比例し、$x=12$のとき$y=3$です。$x=-8$のときのyの値を求めましょう。
yはxに比例するから、比例定数をaとすると、$y=ax$とおける。
$x=12$のとき$y=3$だから、$3=a\times 12$, $a=\dfrac{1}{4}$
したがって、式は、$y=\dfrac{1}{4}x$
この式に$x=-8$を代入すると、$y=\dfrac{1}{4}\times(-8)=-2$

(3) 右の表は、yがxに比例する関係を表したものです。ア、イにあてはまる数を求めましょう。

x	-3	-2	……	イ
y	ア	8	……	-20

yはxに比例するから、比例定数をaとすると、$y=ax$とおける。
$x=-2$のとき$y=8$だから、$8=a\times(-2)$, $a=-4$
したがって、式は、$y=-4x$
ア…$y=-4x$に$x=-3$を代入すると、$y=-4\times(-3)=12$
イ…$y=-4x$に$y=-20$を代入すると、$-20=-4x$, $x=5$

33 座標を使って

78ページの答え

①x軸 ②y軸 ③座標軸 ④原点 ⑤3 ⑥5
⑦3 ⑧5 ⑨3 ⑩5 ⑪−2 ⑫3 ⑬−4
⑭−4 ⑮5 ⑯−1

79ページの答え

1 右の図で，点A，B，C，Dの座標を答え
ましょう。

点A…x座標が4，y座標が2
　　→A(4，2)
点B…x座標が−1，y座標が5
　　→B(−1，5)
点C…x座標が−3，y座標が−2
　　→C(−3，−2)
点D…x座標が0，y座標が−3
　　→D(0，−3)

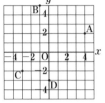

2 右の図に，座標が次のような点をかき入れ
ましょう。

A(3，2)　　　B(−4，1)
C(−2，−5)　D(1，0)

A(3，2)…x軸上の3の点とy軸上の2の
点から，それぞれの軸に垂直にひいた
直線が交わるところにある点。

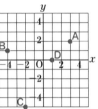

34 比例のグラフのかき方

80ページの答え

①−6 ②−4 ③−2 ④0 ⑤2
⑥4 ⑦6 ⑧グラフは右の図
⑨6 ⑩3 ⑪6 ⑫3 ⑬6

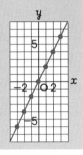

81ページの答え

1 次のグラフをかきましょう。

(1)　$y=3x$
$x=1$のとき$y=3$
だから，グラフは，
原点Oと点(1，3)を
通る直線。
原点以外のもう1点は，
点(2，6)，(3，9)など
でもよい。

(2)　$y=-2x$
$x=2$のとき$y=-4$
だから，グラフは，
原点Oと点(2，−4)
を通る直線。
原点以外のもう1点は，点(1，−2)，(3，−6)などでもよい。

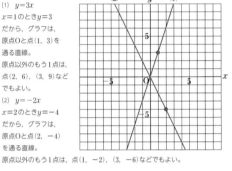

35 比例のグラフのよみ方

82ページの答え

①4 ②4 ③1 ④4 ⑤$4x$ ⑥−2 ⑦−2
⑧3 ⑨$-\dfrac{2}{3}$ ⑩$-\dfrac{2}{3}x$

83ページの答え

1 右の図の(1)，(2)のグラフは比例のグ
ラフです。それぞれについて，yをx
の式で表しましょう。

(1)　グラフは，点(1，−3)を通るから，
この点の座標を$y=ax$に代入すると，
　　$-3=a×1$
　　$a=-3$
したがって，式は，$y=-3x$
グラフが通る点は，
点(2，−6)，(−1，3)，(−2，6)
を選んでもよい。

(2)　グラフは，点(4，1)を通るから，
この点の座標を$y=ax$に代入すると，
　　$1=a×4$
　　$a=\dfrac{1}{4}$
したがって，式は，$y=\dfrac{1}{4}x$
グラフが通る点は，点(−4，−1)を選んでもよい。

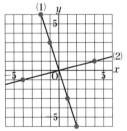

36 反比例とは？

84ページの答え

①$\dfrac{1}{2}$ ②$\dfrac{1}{3}$ ③$\dfrac{1}{4}$ ④12 ⑤$\dfrac{12}{x}$

85ページの答え

1 次の数量の関係について，yをxの式で表し，yがxに反比例するものに
は○を，反比例しないものには×を書きましょう。

(1)　180ページある本をxページ読んだときの残りのページ数をyページとしま
す。

$y=\dfrac{a}{x}$の形の式で表せれば，yはxに反比例します。

残りのページ数＝全体のページ数−読んだページ数
…$y=180-x$　×

(2)　半径が$x$cmの円の周の長さを$y$cmとします。ただし，円周率は3.14とし
ます。

円の周の長さ＝半径×2×円周率…$y=6.28x$　×

(3)　90cmのリボンをx等分したときの1本分の長さを$y$cmとします。

1本分の長さ＝全体の長さ÷等分した数…$y=\dfrac{90}{x}$　○

(4)　面積が20cm²の長方形の縦の長さを$x$cm，横の長さを$y$cmとします。

横の長さ＝長方形の面積÷縦の長さ…$y=\dfrac{20}{x}$　○

37 反比例を表す式を求めよう

本文 86・87 ページ

86ページの答え

①4　②3　③12　④$\dfrac{12}{x}$　⑤12　⑥−6　⑦3

⑧4　⑨3　⑩4　⑪12　⑫12

87ページの答え

1 次の問いに答えましょう。

(1) yはxに反比例し，$x=4$のとき$y=-2$です。yをxの式で表しましょう。

yはxに反比例するから，比例定数をaとすると，$y=\dfrac{a}{x}$とおける。

$x=4$のとき$y=-2$だから，$-2=\dfrac{a}{4}$，$a=-8$

したがって，式は，$y=-\dfrac{8}{x}$

(2) yはxに反比例し，$x=3$のとき$y=6$です。$x=-9$のときのyの値を求めましょう。

yはxに反比例するから，比例定数をaとすると，$y=\dfrac{a}{x}$とおける。

$x=3$のとき$y=6$だから，$6=\dfrac{a}{3}$，$a=18$

したがって，式は，$y=\dfrac{18}{x}$

この式に$x=-9$を代入して，$y=\dfrac{18}{-9}=-2$

38 反比例のグラフのかき方

本文 88・89 ページ

88ページの答え

①−1　②−2　③−3　④−6

⑤6　⑥3　⑦2　⑧1

⑨6　⑩3　⑪2

⑫グラフは右の図

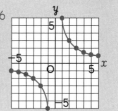

89ページの答え

1 次のグラフをかきましょう。

(1) $y=\dfrac{8}{x}$

(2) $y=-\dfrac{9}{x}$

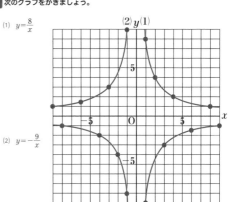

39 反比例のグラフのよみ方

本文 90・91 ページ

90ページの答え

①4　②4　③1　④4　⑤$\dfrac{4}{x}$　⑥2　⑦−4　⑧2

⑨−8　⑩−$\dfrac{8}{x}$

91ページの答え

1 右の図の(1)，(2)のグラフは反比例のグラフです。それぞれについて，yをxの式で表しましょう。

(1) グラフは，点$(2,\ 5)$を通るから，

この点の座標を$y=\dfrac{a}{x}$に代入すると，

$5=\dfrac{a}{2}$，$a=10$

したがって，式は，$y=\dfrac{10}{x}$

グラフが通る点は，
点$(5,\ 2)$，$(-2,\ -5)$，
$(-5,\ -2)$を選んでもよい。

(2) グラフは，点$(3,\ -4)$を通るから，

この点の座標を$y=\dfrac{a}{x}$に代入すると，

$-4=\dfrac{a}{3}$，$a=-12$

したがって，$y=-\dfrac{12}{x}$

グラフが通る点は，点$(2,\ -6)$，$(-3,\ 4)$，$(-6,\ 2)$などを選んでもよい。

40 図形を動かしてみよう

本文 94・95 ページ

94ページの答え

①BE　②CF　③BE　④CF　⑤OE　⑥OF

⑦BOE　⑧COF　⑨EQ　⑩FR　⑪BE　⑫CF

95ページの答え

1 次の問いに答えましょう。

(1) 右の図の△ABCを，矢印の方向に矢印の長さだけ平行移動させてできる△DEFをかきましょう。

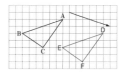

(2) 右の図の△ABCを，点Oを回転の中心として，時計と反対回りに90°だけ回転移動させてできる△DEFをかきましょう。

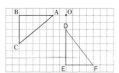

(3) 右の図の△ABCを，直線ℓを対称の軸として対称移動させてできる△DEFをかきましょう。

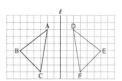

41 作図してみよう①

 本文 96・97 ページ

96ページの答え

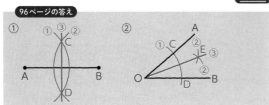

97ページの答え

1 次の作図をしましょう。

(1) 線分ABの垂直二等分線

(2) ∠ABCの二等分線と辺ACとの交点P

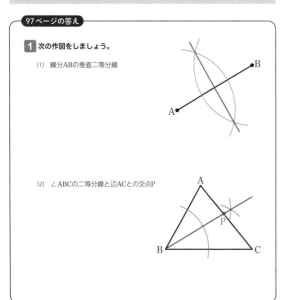

42 作図してみよう②

本文 98・99 ページ

98ページの答え

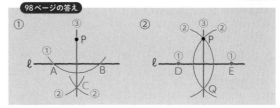

99ページの答え

1 次の作図をしましょう。

(1) 点Pから直線ℓへの垂線

〈別のかき方〉

(2) △ABCで、頂点Bから辺AC への垂線と頂点Cから辺ABへ の垂線の交点P

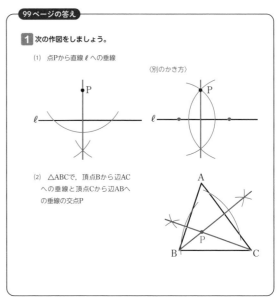

43 作図を利用しよう

本文 100・101 ページ

100ページの答え

① 垂直二等分線　③ 二等分線

② 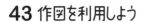　④

101ページの答え

1 次の作図をしましょう。

(1) 右の図の△ABCで、辺BCを底辺とみたときの高さAH
辺BCを点Cのほうに延長
します。
点Aから半直線BCに垂線を
ひき、BCとの交点をHと
します。

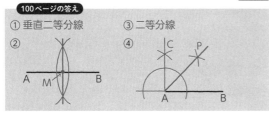

(2) 右の図のような線対称な図形の対称の軸
線分BDの垂直二等分線が
対称の軸になります。
〈別のかき方〉
線分AEの垂直二等分線を
作図してもよい。

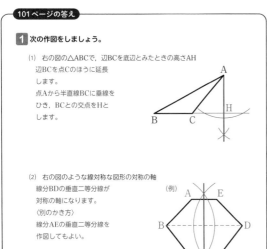

(例)

44 円とおうぎ形

本文 102・103 ページ

102ページの答え

① 弧　② $\overparen{AB}$　③ 弦　④ 中心角　⑤ おうぎ形
⑥ 中心角　⑦ 線

103ページの答え

1 右下の図で、●のついた6つの角はすべて等しい大きさです。□にあてはまることばや数、記号を書きましょう。

(1) おうぎ形OABを点Oを中心にして回転すると、
おうぎ形OBCとぴったり重なり合います。
このことから、1つの円で、等しい中心角に対
する　弧　の長さは等しくなります。

(2) (1)より、$\overparen{AB}$と$\overparen{BC}$の関係を式で表すと、
$$\overparen{AB} = \overparen{BC}$$

(3) $\overparen{BG}$の長さは、$\overparen{AB}$の長さの　5　倍です。
これを式で表すと、$\overparen{BG}=5\overparen{AB}$

(4) $\overparen{AC}$と$\overparen{AG}$の関係を式で表すと、$\overparen{AG}=$　$3\overparen{AC}$

12

45 円とおうぎ形の長さと面積

本文
104・105
ページ

104ページの答え

① r　② π　③ $2\pi r$　④ r　⑤ r　⑥ π　⑦ πr^2　⑧ 6

⑨ 30　⑩ π　⑪ 6　⑫ 30　⑬ 3π

105ページの答え

1 右の円の円周の長さと面積を求めましょう。ただし，円周率は π とします。

円周の長さ…$2\pi \times 5 = 10\pi$（cm）

面積…$\pi \times 5^2 = 25\pi$（cm²）

2 次のおうぎ形の弧の長さと面積を求めましょう。ただし，円周率は π とします。

(1)

(2)

弧の長さ

…$2\pi \times 8 \times \dfrac{90}{360} = 4\pi$（cm）

面積

…$\pi \times 8^2 \times \dfrac{90}{360} = 16\pi$（cm²）

弧の長さ

…$2\pi \times 9 \times \dfrac{240}{360} = 12\pi$（cm）

面積

…$\pi \times 9^2 \times \dfrac{240}{360} = 54\pi$（cm²）

46 いろいろな立体

本文
108・109
ページ

108ページの答え

① 角柱　② 三角柱　③ 四角柱　④ 円柱　⑤ エ　⑥ オ

⑦ 三角錐　⑧ 四角錐　⑨ 円錐

109ページの答え

1 立体の辺や面についてまとめます。左ページの⑦～㋍の立体を見て，下の表のあいているところにあてはまる数やことばを書きましょう。

	三角柱	四角柱	三角錐	四角錐
辺の数	9	12	6	8
面の数	5	6	4	5
底面の形	三角形	四角形	三角形	四角形
側面の形	長方形	長方形	三角形	三角形

2 右の立体について，次の問いに答えましょう。

(1) 何という立体ですか。
六角錐

(2) 底面の形はどんな図形ですか。
六角形

(3) 側面の数はいくつですか。
6つ

47 直線や平面の平行・垂直

本文
110・111
ページ

110ページの答え

① EF　② HG（①②は順不同）

③ AE　④ BC　⑤ BF（③④⑤は順不同）

⑥ DH　⑦ FG　⑧ CG（⑥⑦⑧は順不同）

⑨ FG　⑩ HG　⑪ EH（⑨⑩⑪は順不同）

111ページの答え

1 右下の図の三角柱で，辺を直線，面を平面と見て，次の問いに答えましょう。

(1) 直線ADと平行な直線はどれですか。
直線BE，CF

(2) 直線ADと交わる直線はどれですか。
直線AB，AC，DE，DF

(3) 直線ADとねじれの位置にある直線はどれですか。
直線BC，EF
(1)の平行な直線と，(2)の交わる直線をのぞいた残りの直線です。

(4) 直線ADと平行な平面はどれですか。
平面BEFC
平面ADEB，平面ADFCは直線ADをふくむ平面なので，平行ではない。

(5) 平面ADEBと交わる直線はどれですか。
直線BC，AC，EF，DF

48 平面と平面の平行・垂直

本文
112・113
ページ

112ページの答え

① DEF

② ADEB　③ ADFC　④ CFEB（②③④は順不同）

⑤ 交線　⑥ ABC　⑦ DEF（⑥⑦は順不同）

113ページの答え

1 右下の図は，直方体を2つに分けてできた三角柱です。次の問いに答えましょう。

(1) 平面ABCと平行な平面はどれですか。
平面DEF

(2) 平面ABCと交わる平面はどれですか。
平面ABED，BCFE，ACFD

(3) 平面BCFEと垂直な平面はどれですか。
平面ABED，ABC，DEF
直方体のとなり合う面は垂直であることから考える。

(4) 平面ACFDと垂直な平面はどれですか。
平面ABC，DEF
平面ACFDと90°で交わる面を見つける。

13

49 面を動かしてできる立体

① 三角柱　② 円柱　③ 垂直　④ 平行　⑤ 側面
⑥ 高さ　⑦ 円錐　⑧ 母線　⑨ 回転体　⑩ 回転の軸

115ページの答え

1 次の図形を，直線ℓを軸として1回転させると，どんな立体ができますか。見取図をかいて，立体の名前を答えましょう。

(1) 　
円錐

(2) 　
球

2 次の図形を，直線ℓを軸として1回転させてできる立体の見取図をかきましょう。

(1)

(2)

---

50 角柱や円柱の展開図

116ページの答え

① 4　② 12　③ 右の図
④ 円　⑤ 長方形　⑥ 高さ
⑦ 4　⑧ 円周(円の周)　⑨ 3
⑩ 6π

117ページの答え

1 右の円柱の展開図について，次の問いに答えましょう。

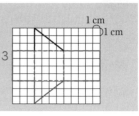

(1) 展開図で，側面の長方形の縦の長さと横の長さを求めましょう。ただし，円周率は3とします。
縦の長さは，円柱の高さに等しいから，5cm
横の長さは，底面の円周の長さと等しいから，
2×3×2＝12(cm)

(2) 展開図をかきましょう。

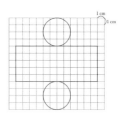

---

51 角錐や円錐の展開図

118ページの答え

① 正方形　② 4　③ 二等辺三角形　④ 三角形　⑤ 辺
⑥ 円　⑦ おうぎ形　⑧ 弧　⑨ 円周(円の周)

119ページの答え

1 下の図は，円錐とその展開図です。次の問いに答えましょう。ただし，円周率はπとします。

(1) 線分ABの長さを求めましょう。
おうぎ形の半径は，円錐の母線の長さだから，8cm
線分ABは，半径ACの2倍だから，8×2＝16(cm)

(2) 円Oの円周の長さを求めましょう。
半径4cmの円Oの円周だから，2π×4＝8π(cm)

(3) AB の長さを求めましょう。
円Oの円周の長さと等しいから，8πcm

---

52 立体の表面積

120ページの答え

① 3　② 4　③ 6　④ 4　⑤ 12　⑥ 4　⑦ 12　⑧ 48
⑨ 6　⑩ 48　⑪ 60　⑫ 4　⑬ 5　⑭ 100π

121ページの答え

1 次の立体の底面積，側面積，表面積を求めましょう。ただし，円周率はπとします。

(1) 円柱

底面積…π×3²＝9π(cm²)
側面積…5×2π×3＝30π(cm²)
表面積…9π×2＋30π＝48π(cm²)

(2) 正四角錐

底面積…4×4＝16(cm²)
側面積…$\frac{1}{2}$×4×6×4＝48(cm²)
表面積…16＋48＝64(cm²)

2 右の半球の表面積を求めましょう。ただし，円周率はπとします。

曲面の部分の面積…4π×2²×$\frac{1}{2}$＝8π(cm²)
平面の部分の面積…π×2²＝4π(cm²)
表面積…4π＋8π＝12π(cm²)

53 立体の体積

 本文 122·123 ページ

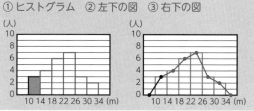
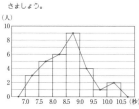

 本文 126·127 ページ

 本文 130·131 ページ

122ページの答え

① 7　② 4　③ 140　④ $\frac{1}{3}$　⑤ $\frac{1}{3}$　⑥ 6　⑦ 32

⑧ $\frac{4}{3}$　⑨ 3　⑩ 36π

123ページの答え

1 次の立体の体積を求めましょう。ただし，円周率はπとします。

(1) 三角柱

$\frac{1}{2}\times5\times4\times8=80\,(cm^3)$
底面積　高さ

(2) 円柱

$\pi\times3^2\times5=45\pi\,(cm^3)$
底面積　高さ

(3) 正四角錐

$\frac{1}{3}\times3\times3\times4=12\,(cm^3)$
底面積　高さ

(4) 円錐

$\frac{1}{3}\times\pi\times6^2\times10=120\pi\,(cm^3)$
底面積　高さ

(5) 半球

$\frac{4}{3}\pi\times6^3\times\frac{1}{2}=144\pi\,(cm^3)$
球の体積

54 分布のようすを表に整理しよう

126ページの答え

① 階級　② 度数　③ 度数分布表　④ 6　⑤ 7　⑥ 3

⑦ 2　⑧ 6　⑨ 13　⑩ 20　⑪ 23　⑫ 25

127ページの答え

1 右の資料は，ある中学校の1年生の女子30人の50m走の記録です。次の問いに答えましょう。

50m走の記録(秒)

8.7	9.3	8.0	7.6	8.5
7.8	7.4	9.1	8.8	8.3
7.5	7.9	8.7	10.4	8.4
9.7	8.6	9.1	7.1	7.8
8.8	10.0	8.3	9.4	8.7
8.2	8.5	7.3	8.3	8.9

(1) 度数分布表の度数の空らんにあてはまる数を書きましょう。

7.5～8.0…7.5 7.6 7.8 7.8 7.9(秒)
8.0～8.5…8.0 8.2 8.3 8.3 8.3 8.4(秒)
8.5～9.0…8.5 8.5 8.6 8.7 8.7 8.7 8.8 8.8 8.9(秒)
9.0～9.5…9.1 9.1 9.3 9.4(秒)
9.5～10.0…9.7(秒)
10.0～10.5…10.0 10.4(秒)

(2) 度数分布表の累積度数の空らんにあてはまる数を書きましょう。

7.5～8.0…3+5=8(人)
8.0～8.5…3+5+6=14(人)
　　　　　(8+6=14としてもよい)
8.5～9.0…3+5+6+9=23(人)
9.0～9.5…3+5+6+9+4=27(人)
9.5～10.0…3+5+6+9+4+1=28(人)
10.0～10.5…3+5+6+9+4+1+2=30(人)

階級(秒)　以上　未満	度数(人)	累積度数(人)
7.0 ～ 7.5	3	3
7.5 ～ 8.0	5	8
8.0 ～ 8.5	6	14
8.5 ～ 9.0	9	23
9.0 ～ 9.5	4	27
9.5 ～ 10.0	1	28
10.0 ～ 10.5	2	30
計	30	

55 分布のようすをグラフに表そう

本文 128·129 ページ

128ページの答え

① ヒストグラム　② 左下の図　③ 右下の図

129ページの答え

1 右の表は，127ページの50m走の記録を度数分布表に整理したものです。次の問いに答えましょう。

50m走の記録

階級(秒)　以上　未満	度数(人)
7.0 ～ 7.5	3
7.5 ～ 8.0	5
8.0 ～ 8.5	6
8.5 ～ 9.0	9
9.0 ～ 9.5	4
9.5 ～ 10.0	1
10.0 ～ 10.5	2
計	30

(1) 度数分布表をヒストグラムに表しましょう。

(2) ヒストグラムをもとにして，度数折れ線をかきましょう。

56 データを代表する値

130ページの答え

① 21　② 23　③ 24　④ 28　⑤ 32　⑥ 168

⑦ 84　⑧ 64　⑨ 536　⑩ 536　⑪ 25　⑫ 21.44

⑬ 21.4

131ページの答え

1 右の記録は，ある中学校の1年生の男子20人の垂直とびの記録です。次の問いに答えましょう。

垂直とびの記録(cm)

43	36	47	32	42
48	34	45	40	38
40	53	38	43	49
39	32	42	38	44

(1) 中央値を求めましょう。

中央値は，10番目と11番目の記録の平均値だから，$\frac{40+42}{2}=41(cm)$

記録の短いほうから順に並べると，
32 32 34 36 38
38 38 39 40 40
42 42 43 43 44
45 47 48 49 53

(2) 最頻値を求めましょう。

最頻値は，もっとも多い値だから，38 cm

(3) 右の表は，垂直とびの記録を度数分布表に整理したものです。空らんにあてはまる数を入れて，度数分布表から記録の平均値を求めましょう。

階級(cm)　以上　未満	階級値(cm)	度数(人)	階級値×度数
30 ～ 34	32	2	64
34 ～ 38	36	2	72
38 ～ 42	40	6	240
42 ～ 46	44	6	264
46 ～ 50	48	3	144
50 ～ 54	52	1	52
計		20	836

(階級値×度数)の合計は，
64+72+240+264+144+52=836

平均値は，$\frac{836}{20}=41.8(cm)$

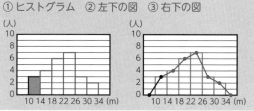

15

57 データを割合で比べよう

本文 132・133 ページ

132ページの答え

① 6　② 25　③ 0.24　④ 0.24　⑤ 0.52　⑥ 0.24

⑦ 0.28　⑧ 0.12　⑨ 0.08　⑩ 0.52　⑪ 0.80

⑫ 0.92　⑬ 1.00　⑭ 下の図

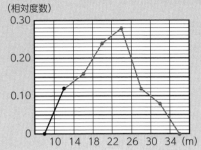

133ページの答え

1 右の度数分布表は，ある中学校の1年生の女子50人の立ち幅とびの記録を，度数分布表に表したものです。次の問いに答えましょう。

(1) 度数分布表の空らんにあてはまる相対度数と累積相対度数を書きましょう。

(2) 相対度数の折れ線をかきましょう。

立ち幅とびの記録

階級(cm) 以上　未満	度数(人)	相対度数	累積相対度数
100 ~ 120	5	0.10	0.10
120 ~ 140	8	0.16	0.26
140 ~ 160	14	0.28	0.54
160 ~ 180	12	0.24	0.78
180 ~ 200	7	0.14	0.92
200 ~ 220	4	0.08	1.00
計	50	1.00	

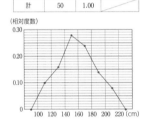

1
(1) +13　　　(2) −27

2
(1) −20分　　　(2) −10kgの増加

3

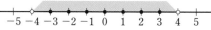

ポイント
数直線のいちばん小さい1目もりは0.5です。

4
(1) +9, −9
(2) −3, −2, −1, 0, 1, 2, 3

ポイント
(1) 絶対値が■になる数は+■と−■の2つあります。−■を見落とさないように注意しましょう。
(2) 絶対値が4より小さい数

−5 −4 −3 −2 −1 0 1 2 3 4 5

5
(1) −12 > −15　(2) +7 > −7.5 > −8

ポイント
負の数は，絶対値が大きいほど小さくなります。

6
-1, $-\dfrac{4}{5}$, -0.7, $-\dfrac{2}{3}$, 0

ポイント
分数を小数で表すと，$-\dfrac{2}{3}=-0.66\cdots$，$-\dfrac{4}{5}=-0.8$

7
(1) −8　　　　　(2) +5(5)
(3) −4　　　　　(4) −5.3
(5) −8　　　　　(6) −5
(7) +10(10)　　(8) $-\dfrac{7}{12}$

ポイント
(8) $\left(-\dfrac{3}{4}\right)-\left(-\dfrac{1}{6}\right)=\left(-\dfrac{3}{4}\right)+\left(+\dfrac{1}{6}\right)$

$=\left(-\dfrac{9}{12}\right)+\left(+\dfrac{2}{12}\right)=-\left(\dfrac{9}{12}-\dfrac{2}{12}\right)=-\dfrac{7}{12}$

8
(1) −2　(2) −1　(3) −5　(4) 0

ポイント
(4) $-7-(-6)+9+(-8)=-7+6+9-8$
$=-7-8+6+9=-15+15=0$

1
(1) 20　(2) −27　(3) −420　(4) $\dfrac{4}{7}$

2
(1) −90　(2) 28　(3) −64　(4) 18

3
(1) −8　(2) 6　(3) −24　(4) −32
(5) $\dfrac{4}{3}$　(6) $-\dfrac{3}{10}$

4
(1) −4　(2) 6　(3) −15　(4) −2

ポイント
(4) $\left(-\dfrac{3}{2}\right)\div\left(-\dfrac{5}{8}\right)\div\left(-\dfrac{6}{5}\right)$

$=\left(-\dfrac{3}{2}\right)\times\left(-\dfrac{8}{5}\right)\times\left(-\dfrac{5}{6}\right)=-\left(\dfrac{3}{2}\times\dfrac{8}{5}\times\dfrac{5}{6}\right)=-2$

5
(1) −8　(2) 1　(3) 14　(4) −10

ポイント
(1) $3\times(-4)-8\div(-2)=(-12)-(-4)=-12+4$
$=-8$
(2) $(-2)^3-(-3)\times3=(-8)-(-9)=-8+9=1$
(3) $-6-(3-7)\times5=-6-(-4)\times5=-6-(-20)$
$=-6+20=14$
(4) $30\div(2\times3-3^2)=30\div(6-9)=30\div(-3)=-10$

6
(1) $80=2^4\times5$　　　(2) $108=2^2\times3^3$

ポイント
(1)
```
2 ) 80
2 ) 40
2 ) 20
2 ) 10
    5
```
(2)
```
2 ) 108
2 )  54
3 )  27
3 )   9
      3
```

7
10

ポイント
ある自然数の2乗になるためには，素因数分解したすべての素数の累乗の指数を偶数個にします。
$90=2\times3^2\times5$だから，$2\times3^2\times5$に2×5をかけると，
$(2\times3^2\times5)\times(2\times5)=2^2\times3^2\times5^2=(2\times3\times5)^2$
$=30^2$となり，30の2乗になります。

1 (1) $9xy$ (2) $-bc$

(3) m^2n^3 (4) $-\dfrac{a}{5}$

(5) $\dfrac{y-z}{6}$ (6) $\dfrac{a}{7b}$

2 (1) $a\times b\times b$ (2) $8\times x\div y$

3 (1) 1 (2) -2

4 (1) $-3y$ (2) $3a-4$

(3) $8x-9$ (4) $-3m-5$

(5) $-5b-2$ (6) $4x+5$

5 (1) $28a$ (2) $-6y$

(3) $-24x+15$ (4) $-5b+3$

(5) $4x-6$ (6) $\dfrac{-15a+21}{2}$

(7) $11x-2$ (8) $-9y-1$

ポイント

(6) $(-9)\times\dfrac{5a-7}{6}=\dfrac{\overset{3}{(-9)}\times(5a-7)}{\underset{2}{6}}=\dfrac{-15a+21}{2}$

(8) $3(4y-5)-7(3y-2)=12y-15-21y+14$
$=12y-21y-15+14=-9y-1$

6 (1) $500-30x=y$
(2) $1200a+600b\leqq10000$

ポイント

(1) ひも全体の長さ−切り取った長さ＝残りの長さ
$500-30\times x=y$

(2) おとなの入館料＋中学生の入館料≦10000
$1200\times a+600\times b\leqq10000$

7 (1) 長方形の面積は$50\,\text{cm}^2$
(2) 長方形の周の長さは$30\,\text{cm}$より長い

ポイント

(1) $ab=a\times b=$（縦の長さ）×（横の長さ）より，
ab は長方形の面積を表しています。

(2) $2(a+b)=(a+b)\times2$
$=\{($縦の長さ$)+($横の長さ$)\}\times2$ より，
$2(a+b)$は長方形の周の長さを表しています。

1 (1) 1 (2) -2

2 (1) $x=-7$ (2) $x=18$
(3) $x=4$ (4) $x=-2$
(5) $x=-6$ (6) $x=3$

3 (1) $x=6$ (2) $x=-3$
(3) $x=-12$ (4) $x=4$
(5) $x=7$ (6) $x=-3$

4 (1) $x=6$ (2) $x=4$

ポイント

(2) $x:5=(x+4):10,\ 10x=5(x+4),$
$10x=5x+20,10x-5x=20,5x=20,x=4$

5 (1) $1000-5x$（円）
(2) $1000-5x=600-3x+40$
(3) 180円

ポイント

(2) 兄の残金$1000-5x$（円），弟の残金$600-3x$（円）
（兄の残金）＝（弟の残金）＋40 より，方程式をつくります。

(3) $1000-5x=600-3x+40,$
$-2x=-360,x=180$
ノートの代金は自然数だから，この解は問題にあっています。

6 (1) $10x+25$（枚），$15x-20$（枚）
(2) 子どもの人数 9人，色紙の枚数 115枚

ポイント

(1) 色紙の枚数は，次の2通りの式で表せます。
（1人分の枚数）×（人数）＋（余った枚数）
（1人分の枚数）×（人数）−（不足した枚数）

(2) $10x+25=15x-20,$
$10x-15x=-20-25,\ -5x=-45,\ x=9$
子どもの人数は自然数だから，この解は問題にあっています。
色紙の枚数は，
$10\times9+25=115$（枚）

1
(1) 式 $y=\dfrac{x}{6}$, ○ (2) 式 $y=\dfrac{60}{x}$, △

(3) 式 $y=120-5x$, ×

(4) 式 $y=9x$, ○

2
(1) 式 $y=\dfrac{1}{2}x$, yの値 -4

(2) 式 $y=-\dfrac{24}{x}$, yの値 -12

3
(1) Aの座標 $(-5,\ 2)$
　　Bの座標 $(0,\ -4)$

(2)
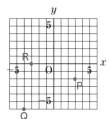

4
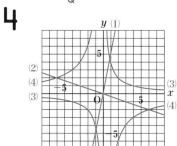

5
(1) $y=-\dfrac{3}{2}x$　　(2) $y=\dfrac{15}{x}$

ポイント

(1) グラフは点$(2,\ -3)$を通ります。

$y=ax$に$x=2$, $y=-3$を代入すると,

$-3=a\times2$, $a=-\dfrac{3}{2}$

点$(-4,\ 6)$, $(-2,\ 3)$, $(4,\ -6)$の座標を代入してもよいです。

(2) グラフは点$(3,\ 5)$を通ります。

$y=\dfrac{a}{x}$に$x=3$, $y=5$を代入すると,

$5=\dfrac{a}{3}$, $a=15$

点$(5,\ 3)$, $(-3,\ -5)$, $(-5,\ -3)$の座標を代入してもよいです。

1
(1) △OFC

(2) △FCO, △GDO, △HAO（順不同）

(3) HF(OF), EG(EO), △DGO, △BEO

ポイント

(1)　　　(2)　　　(3)
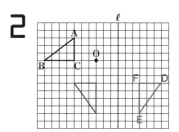

2
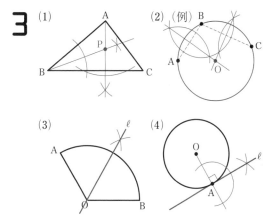

3
(1)　　(2)（例）

(3)　　(4)

ポイント

(2) 線分AB, BC, CAのうち, 2つの線分の垂直二等分線の交点をOとします。点Oを中心として, 半径OA(OB, OC)の円をかきます。

(3) ∠AOBの二等分線を作図します。または, 線分ABの垂直二等分線を作図します。

(4) 半直線OAをかきます。点Aを通り, 半直線OAに垂直な直線ℓを作図します。

4
(1) 弧の長さ 4π cm, 面積 20π cm^2

(2) 弧の長さ 5π cm, 面積 10π cm^2

復習テスト **7** (本文124〜125ページ)

1
- (1) 直線DC, EF, HG
- (2) 直線AD, AE, BF
- (3) 直線DH, CG, EH, FG
- (4) 直線BF, CG
- (5) 直線AB, DC, EF, HG, BC, FG
- (6) 平面DHGC
- (7) 平面ABCD, EFGH, AEHD

ポイント

(3) 直線ABと平行でなく，交わらない直線です。

(5) 一見，平面AEHDと直線BC, FGは交わらないように見えますが，平面と直線をのばしてみると，交わることがわかります。

2
(1) 　(2)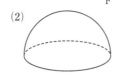

3
- (1) 底面　円, 側面　長方形
- (2)

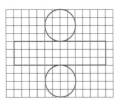

- (3) $12\pi\,\mathrm{cm}^3$
- (4) $20\pi\,\mathrm{cm}^2$

4
- (1) $50\,\mathrm{cm}^3$　　(2) $48\pi\,\mathrm{cm}^3$
- (3) 体積　$18\pi\,\mathrm{cm}^3$, 表面積　$27\pi\,\mathrm{cm}^2$

ポイント

(1) $\dfrac{1}{3}\times5\times5\times6=50\,(\mathrm{cm}^3)$

(2) $\dfrac{1}{3}\times\pi\times4^2\times9=48\pi\,(\mathrm{cm}^3)$

(3) 体積… $\dfrac{4}{3}\pi\times3^3\div2=18\pi\,(\mathrm{cm}^3)$

　　表面積… $4\pi\times3^2\div2+\pi\times3^2=27\pi\,(\mathrm{cm}^2)$

復習テスト **8** (本文134〜135ページ)

1
- (1) 8　　(2) 8分以上12分未満
- (3) 12分以上16分未満　　(4) 18分
- (5)(6)

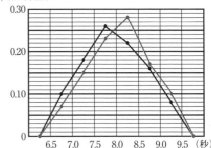

- (7) ①10 ②18 ③84 ④88 ⑤450

　平均値　12.9分

2
- (1) A中学校

　①0.28 ②0.54 ③0.76 ④0.92

　B中学校

　⑤46 ⑥34 ⑦0.15 ⑧0.28

　⑨0.10 ⑩0.22 ⑪0.45

　⑫0.73 ⑬0.90

- (2) 54%　　(3) 90人
- (4) A中学校
- (5) (相対度数)

- (6) A中学校の記録のほうがよい。

　（理由）　相対度数の折れ線を比べると，A中学校のグラフのほうがB中学校のグラフよりも左によっているから，A中学校の記録のほうがよいといえる。

ポイント

(1) B中学校の度数は，度数＝度数の合計×相対度数

(3) 記録が8.0秒未満の人数は，

　度数の合計×累積相対度数＝200×0.45＝90(人)

(4) 8.0〜8.5の階級の累積相対度数を比べます。